*Fred Schmidt*

# Schiffe und Schicksale

*Ein Buch von stillem Heldentum*

*Fred Schmidt*

**Schiffe und Schicksale**

*Ein Buch von stillem Heldentum*

*ISBN/EAN: 9783954274161*
*Erscheinungsjahr: 2014*
*Erscheinungsort: Bremen, Deutschland*



*www.maritimepress.de | office@maritimepress.de*

*Fred Schmidt*

# Schiffe und Schicksale

*Ein Buch von stillem Heldentum*

FRED SCHMIDT

# Schiffe und Schicksale

## Ein Buch von stillem Heldentum

Mit einem Geleitwort von

Kapitän Fritz Kruse

Kommodore der Hamburg-Amerika-Linie

*Mit 65 Abbildungen*

*auf 32 Tafeln, 5 Textfiguren und einer Karte*

DIETRICH REIMER / ERNST VOHSEN

BERLIN 1934

Druck von J. J. Augustin in Glückstadt in Holstein
Printed in Germany

„Das Schiff hängt mehr am Ruder
als das Ruder am Schiff."

Diesen alten, noch heute zutreffenden Hanseatenspruch möchte ich dem vorliegenden Buch als Geleitwort mitgeben.

Möge der junge in die Welt hinausstrebende und um unsern Platz an der Sonne kämpfende Deutsche, dem die hier gesammelten Berichte gewidmet sind, sich seiner Verantwortung voll bewußt sein, sobald ihm einmal ein Ruder in die Hand gegeben ist. Möge er bei gut Wetter wie im Wüten der Sturmböen des Schicksals daheim und im Ausland stets die richtige Ruderlage halten. Wer führen will, muß stehen können, auch wenn keine Anerkennung winkt. Wo der Führer versagt, ist das Ende da. Wenn uns eine Jugend heranreift, die aufrecht steht, es komme was mag, dann wird Deutschland leben durch alle Wetter einer unbekannten Zukunft.

An Bord S/S „New York", August 1934.

Kapitän Fritz Kruse,
Kommodore der Hamburg-Amerika Linie

# Inhalt

Abschnitt I.

# Aus den Glanztagen der Großsegler-Fahrt.

## Seefahrt ist not!

Die Frage des Platzes an der Sonne ist für küstennahe Völker stets die Frage des Platzes auf dem Meere gewesen. Nie wurde Roms Existenz ernstlicher bedrängt, als in dem Konflikt mit den seebefahrenen Karthagern. Nur der mit eiserner Energie durchgeführte Entschluß, sich eine eigene Seemacht zu schaffen, rettete die ewige Stadt vor dem Unterliegen. Und wer vermag zu sagen, wie sich die Weltgeschichte gestaltet hätte, wenn statt der Karavellen des Kapitäns da Gama große Seeschiffe der Inder oder Chinesen zum ersten Male das Kap der guten Hoffnung gerundet hätten, um vor Cadiz oder Lissabon Anker zu werfen. Das Meer gibt seinen Kindern etwas von seiner Stärke, seiner Wucht und Unwiderstehlichkeit. Trotz ihrer unbeholfenen Waffen und einfachen Kriegskunst errichteten Normannen und Wikinger an fremden Küsten ihre großen Reiche. Wie Sturmflut ist es, wenn ein Seevolk das Land ersteigt.

Küstenschiffahrt finden wir bei allen Küsten- und Inselvölkern. Doch während es den Südseeinsulaner in seinem ungedeckten Schönwetterfahrzeug nicht in höhere Breiten mit ihrem rauheren Klima lockte, zog es den Nordländer mit Zauberkraft aus heimischen Nebeln und Stürmen hinaus zu Lauheit und Schimmer südlicher Meere. Was die Wagenden suchten, fanden sie in überreichem Maße: Beute und Sonnenschein! Und Sonnenschein und Beute waren es, die ihnen wieder die Sehnen spannten zu neuen, kühneren Reisen. So wurden sie stark und mächtig, die Söhne der See, die Magellan und Albuquerque, Waräger und Hansen, die Kolumbus und Doria, und machten die zu Herren der Welt, denen sie dienten. Weltgeltung ist seit jeher Seegeltung gewesen.

Mit ihrer Macht wuchsen auch die Werkzeuge der Seevölker, ihre Schiffe, und mit den Schiffen die Vertrautheit mit dem Meere. Was die Mittelmeervölker an Geschicklichkeit voraus hatten, das ersetzten die Nordländer wieder durch Wagemut und Zähigkeit im Kampf mit Wind und Wellen. Die eisigen Hagelböen unserer Herbstnächte, sie sind eine unübertreffliche Schule für den Seemann! Und als die nordeuropäischen Seeleute dann durch häufigere Berührung mit spanischen, portugiesischen und genuesischen Schiffen die Vorzüge in deren Bauweise und Takelung kennen lernten, da war es in wenigen Jahrzehnten mit der nautischen Überlegenheit der alten Seebeherrscher vorbei. Holländische und dann französische Schiffe lagen in immer größerer Anzahl neben den großen Galeeren und Galeassen der eingesessenen Reeder in den Häfen von Genua, Venedig und Alexandria. Schon tauchten die ersten hansischen Koggen und Holken in Lissabon und noch weiter südlich auf. Die Weltmacht der deutschen Hansa blühte herrlich empor. Zerbrechen konnte sie erst am deutschen Erbübel, an Zwietracht und Bruderhaß. Dann lockte im 17. Jahrhundert die nimmersatte Zollpolitik der niederländischen Generalstaaten einen neuen Pflüger auf das kristallen wogende Feld: In London wurde die Ostindische Kompanie gegründet.

Mit ihr beginnt der Aufstieg der regelmäßigen Linienfahrt. Der behäbige Typus des East-India-Man, des Ostindienfahrers, beherrscht das Bild der Welthäfen bis tief ins 18. Jahrhundert hinein. Aus ganz Europa durchschauernden Kriegen hatte England als wertvollste Beute Vorrechte heimgebracht, die seiner Schiffahrt das Monopol im Verkehr mit den wichtigsten Handelsgebieten der damaligen Welt sicherten, in der Fahrt nach beiden Indien. Kein Konkurrenzkampf stachelte zu erhöhten Leistungen oder schnelleren Reisen auf. Plump in den Unterwasserformen, mit schwer regierbaren Takelagen segelten diese Schiffe gemächlich ihre Straße. Wohl waren sie abgehärtet, wohl auch harte Burschen, unerschrocken und kampfgewohnt, die Seeleute jener Flotten, aber Hochleistungen — man ist versucht zu sagen — im sportlichen Sinne sah ihre Zeit nicht.

Da kam am Ende des 18. Jahrhunderts die große politische Sturmflut, die an allem Hergebrachten rüttelte. Die Vorrechte der alten Handels- und Schiffahrtsgesellschaften fielen. Junge Kräfte voll neuer Ideen drängten in Wettbewerb. Auf den Werften der ostamerikanischen Hafenplätze wurden neue Wege im Schiffbau beschritten. Dort schufen unsterbliche Schiffbauer Fahrzeuge, die in der Anmut ihrer Linien Kunstwerke ersten Ranges und Wunder an Schnelligkeit waren. Die Klipper entstanden. Nie wieder sind meisterlicher Holzschiffe gebaut worden! Und mit ihnen war ein Geschlecht Seeleute herangereift, abschreckend in seiner oft grausamen Härte und bewundernswert zugleich durch Wagemut, der hart an Tollkühnheit grenzen mochte. Die Wettfahrten der schnellsten Schiffe setzten beide Atlantikufer in Spannung.

Englische Werften machten sich amerikanische Erfahrungen zu eigen. Bald überflügelten sie den früheren Lehrmeister. Um die Mitte des vergangenen Jahrhunderts schwebten ihre Schiffe auf allen Meeren, die berühmten Tee- und später die Wollklipper.

Doch noch auf der Höhe ihres Ruhmes traten neue Gegner in ernsten Wettbewerb. Segler, von deren Heck deutsche Namen grüßten, tauchten in stets zunehmender Zahl in den Welthäfen auf. Und deutschen Werften war es vorbehalten, den leistungsfähigsten Typ des Groß-Seglers zu schaffen, der mit hervorragenden Seeeigenschaften gleichzeitig ein früher nie geahntes Fassungsvermögen besaß. Deutsche Jungens wuchsen auf diesen Schwerwetter-Schiffen heran zu entschlossenen und in ihrem Fach unübertroffenen Seeleuten. Mit schwereren Schiffen und kleineren Besatzungen haben sie Reisen gemacht, die alle früheren Rekorde übertrafen. Lange konnten unsere Großreedereien mit solchen Leuten dem Wettbewerb der Dampfer trotzen. Erst die Hast der neuesten Zeit und der Allvernichter Weltkrieg haben es vermocht, die weißbeschwingte Seglerflotte vom Weltmeer zu verdrängen. Nur ein Dutzend noch der stürmenden Renner pflügt die Meere, die meisten unter fremder Flagge. Alle anderen sind dahin, verbrannt, gesunken, abgewrackt oder zum traurigen Ende eines Kohlenhulks verdammt. Doch ihre Reisen und die Männer, die sie trugen, sie sind lebendig in tausend Erinnerungen, die in stillen Stunden auf deutschen Schiffen getauscht werden. Und sie sind wahrhaftig wert, jüngeren Geschlechtern erhalten zu werden, sind würdig, die Herzen deutscher Jungens zu füllen als ein leuchtendes Kapitel aus der Geschichte der Mannhaftigkeit und Pflichttreue.

## Die Bemannung alter und neuzeitlicher Segler.

„Ja früher! — da fuhren auf hölzernen Schiffen eiserne Seeleute — heute aber fahren auf eisernen Schiffen nur noch hölzerne Matrosen!"

Dieses Wort kann man an Bord deutscher Schiffe in unendlichen Variationen hören, so oft das Gespräch auf Segelschiffe und ihre Reisen kommt. Und doch ist nichts irreführender, als dieses bestechende Wortspiel! Ehe man über gute und schlechte Leistungen auf See urteilen kann, muß man erst einmal die Werkzeuge des Seemannes, die Segler mit ihrer Takelage und die Anzahl Hände, die zu ihrer Bearbeitung verfügbar waren, vergleichsweise betrachten.

Sehr in den Vordergrund geschoben werden von der „eisernen" Generation stets die mechanischen, sogenannten „arbeitsparenden" Einrichtungen moderner Segler. Darum erst ein Wort über diese menschenfreundlichen Apparate! Gleich vorn steht auf und unter der Back das Ankerspill! Kurz gesagt ist ein Spill, oder wie man an Bord gerne sagt ein „Käpps'l" (eine Verballhornisierung des englischen „capstan") ein Göpel, der mit eichenen oder eschenen Hebeln im Kreis gedreht wird und dabei eine senkrechte Achse bewegt. Je nach Wahl der Länge dieser Hebel, der „Spillspaken", und des auf die Achse montierten Zahnradgetriebes läßt sich eine ungeheuer große Arbeitsleistung damit erreichen. Natürlich gilt wie für jede Maschine die Goldene Regel der Mechanik: was an Kraft gewonnen wird, das geht an Weg verloren. Wir Jantjes, die wir so manches Mal mit altmodischem Spill an einem Morgen zweimal 90 Faden Kette aufhieven mußten, wir haben den Sinn dieses Satzes an unvergleichlichem Anschauungsunterricht begriffen! Wie die Zirkusgäule gallopierten oder trottelten wir, je nach der Stimmung mit Gesang und Halloh oder mit gräulichem Gefluche um das grüngepinselte Monstrum mit der weißen Mütze[1]), stundenlang — „noch und noch" wie der Seemann sagt. Und wenn dann der Anker „op un' dol" stand und er aus dem Grund gebrochen werden mußte, dann wurde das Spill „doppelt geschiftet", eine kleinere Übersetzung eingeschaltet — es ging leichter, aber ein Dutzendmal mußten wir um unseren Götzen tanzen, ehe die schlickbekleisterte Kette sich ein merkbares Stückchen durch die Klüse gequält hatte. Auf neuen Schiffen steht am Vordeck vor der Großluke der „Donkey", eine kleine Dampfmaschine, oder ein Motor. Dessen Spillkopf wird mit einem Kopular, einem „Treibriemen aus Stahldraht" mit dem Ankerspill gekuppelt, und schnell wie auf einem Dampfer werden die Anker aufgehievt.

Arbeitsparend? Gewiß doch! Fürs Schiff! Nur nicht für die Janmaaten! Die haben ja ohnehin alle Hände voll zu tun, denn der Kahn soll ja in See gehen.

---

[1]) Das Gangspill war meistens grün und weiß gemalt.

Aber die furchtbar schwere Fron am Ankerspill, die wenigstens ist den Kerls doch erspart geblieben, so wird dann wohl eingewendet.

Für tausend liebe fidele Kameraden mit sei's hier gesagt: nie haben wir als Janmaaten mit mehr Begeisterung gesungen, sind nie fideler gewesen, als beim Ankerhieven auf der Back unseres „Windjammers", wenn wir Australien oder der Salpeterküste Ade sagten! Manchmal haben wir „gegrumbelt", wie an jenem sonnigen Karfreitagsmorgen, als wir uns schon auf einen ff. Landspaziergang gespitzt hatten, und der Alte uns dafür diese „Morgenandacht" auf der Back aufbrummte! Doch nach zehn Minuten sangen wir schon wieder aus Trotz, und wieder nach fünf aus Übermut. Stumpfsinnige Arbeit? Wir waren's nicht, und deshalb konnte es die Arbeit auch nicht sein. Schwere Arbeit? Daß ich nicht lache! Und dann wurde ja auch wieder mal „Foftein" gemacht, wenn auch mehr aus Tradition als Bedürfnis. Das moderne Ankerspill, das hat den Seglerleuten also ihre Arbeit nicht gemindert! Dann vielleicht Braßwinden und Fallwinden. Wer Schiffe „ohne" und „mit" fuhr, der weiß, daß einem nach dem Halsen bei Sturm auf beiden Schiffen die Knochen gleich weh taten, wenn man seine Pflicht getan hatte. Und gestritscht muß hinterher doch werden, auf beiden!

Und eine Marsraa nach alter Weise mit Fall-Talje und Spill heißen, war weiß Gott angenehmer als die Kurbelei an einer modernen Fallwinde! Länger dauerte das Setzen des Marssegels auch nicht, nur was an solcher Winde schon für Segenswünsche gesagt und gesungen wurden, das würde den Konstrukteuren der „arbeitsparenden" Fallwinden wohl den Angstschweiß manchen Alpdrückens auf die Denkerstirne treiben, wenn sie's selbst mal hätten hören können! Nein, für den Seemann bedeuten diese Einrichtungen kein Minus an Arbeit. Er ist doch immer „beschäftigt", und länger als 24 Stunden pro Tag Dienst zu tun hat auch früher auf altmodischen Kästen selbst die geplagteste Crew nicht nötig gehabt. Das aber ist haargenau auch heute noch die Arbeitszeit auf einem Groß-Segler, und wenn man mit 24 Stunden nicht auskommt, dann — wird eben eine Stunde früher aufgestanden!

Dagegen sehe man sich alte und neue Takelagen selbst einmal an, und stelle die Anzahl Männer in Vergleich, die sie bedienen mußten. Eine Gegenüberstellung zahlenmäßiger Angaben dürfte am anschaulichsten die wirklichen Verhältnisse verdeutlichen. Es sollen zwei „Crack"-Schiffe ihrer Zeit gewählt werden, die berühmtesten Vertreter der Seglerflotten ihrer Epoche, der Londoner Teeklipper „Cutty Sark" und der Hamburger Fünfmaster „Preußen". Die hauptsächlichen Maße beider Schiffe sind folgende:

| | | „Cutty Sark" | „Preußen" |
|---|---|---|---|
| | gebaut: | 1870 | 1902 |
| Brutto Reg. Tonnen | | 963 | 5081 |
| Länge ohne Bugspriet. | | 64,17 m | 135,50 m |
| Breite | | 10,97 | 16,40 |
| Höhe der Masten über Deck | | 43,70 | 64,— |
| Deplacement (Wasserverdrängung) | | 1970 To. | 11150 To. |
| Tragfähigkeit | Wolle | 900 | 8000 |
| | Tee | 600 „ | |
| Länge der Großraa | | 23,77 m | 31,20 m |
| Groß-Ober-Mars-Raa. | | 19,51 | 25,30 „ |
| Groß-Ober-Bram-Raa | | 11,58 | 19,20 „ |
| Groß-Roil-Raa. | | 10,36 | 15,70 |
| Gesamte Besatzung | | 35 | 48 |
| Auf jeden Mann kommen To. | | 28 | 106 |

— 1902 „Preussen" 48 Mann Besatzung —

um 1800 Ostindienfahrer ca. 50 – 60 Mann

um 1860 TeeKlipper ca. 30 – 50 Mann

Demnach ist das Verhältnis:

| | |
|---|---|
| der Tonnage | 1 : 5,3 |
| der Ladungen ca. | 1 : 10 |
| der Besatzung | 1 : 1,4 |

Man stelle sich die Lappen einmal vor, die an den Raaen der „Preußen" hingen! Ein Untersegel allein über 300 Quadratmeter, und es gab 4 Stück davon und noch ein kleineres am Kreuzmast einzupacken, wenn es mal aufbriste. Ein Obermarssegel war immer noch größer als das größte Segel in den Zeiten der „Eisernen". Die Raaen des Vortopps der alten Teeschiffe waren gleich erheblich kleiner, als die angegebenen Maße des Großmastes. Und der Kreuzmast trug nach heutigem Geschmack nur noch Taschentücher. Die Segelfläche der Viermastbark „Peking", die im Vorjahre nach England als Schulschiff verkauft und jetzt auf den Namen „Arethusa" umgetauft wurde, ist 4500 m² groß, die Masten vom Kiel bis Flaggenknopf 60 m hoch, die Unterraaen 28,5 m, die Roilraaen noch 14,7 m lang. Und dieser Typ war der Normaltyp unserer Seglerflotte. Die Großraa des Teeklippers „Spindrift" galt als die größte und schwerste ihrer Zeit und hatte eine Länge von 25,6 m. In derselben Stärke wie die „Cutty Sark" bemannt, hätte die „Preußen" im Verhältnis zu ihrer Tonnage eine Besatzung von 148 Mann tragen müssen! Und gar in Bezug auf die bewegte Nutzlast entspricht die Bemannung des englischen Klippers einer Mannschaft von 249 Mann auf der 8000 Tonnen Salpeter fortschleppenden „Preußen!"

Noch mehr zugunsten der Bemannung alter Segler verschiebt sich das Verhältnis, sowie man einen der behäbigen Ostindienfahrer aus der ersten Hälfte des vorigen Jahrhunderts zum Vergleich heranzieht. Das 59 m lange, etwa 1000 Tonnen große Vollschiff „Hotspur" fuhr eine Bemannung von einigen 60 Köpfen, während die über 3000 Tonnen große Viermastbark „Pangani" von insgesamt 34 Mann bedient wurde! Wie sich die Besatzungsstärke im Laufe weniger Jahrzehnte verschob, geht aus folgender Zusammenstellung hervor:

| | |
|---|---|
| um 1830 kommen auf je einen Mann d. Besatzung | ca. 15 Br.-R.-T. |
| um 1850 kommen auf je einen Mann d. Besatzung | ca. 20 Br.-R.-T. |
| um 1880 kommen auf je einen Mann d. Besatzung | ca. 40— 45 Br.-R.-T. |
| um 1900 u. später auf je einen Mann d. Besatzung | ca. 90—110 Br.-R.-T. |

Ganz außergewöhnlich ungünstig liegen die Verhältnisse auf den großen amerikanischen Schonern. So fuhr beispielsweise der 6-Master „George H. Wells" bei seiner Größe von 2970 Brutto-Register-Tonnen eine Besatzung von nur 14 Mann inklusive Kapitän, d. h. je 1 Mann für 212 Tonnen. Was das bedeutet, wird eher verständlich, wenn man sich vor Augen hält, daß schon ein kleiner Segler von 200 Brutto-Register-Tonnen 7—8 Mann Besatzung braucht!

Eine Verkleinerung der vor 100 Jahren reichlich üppigen Besatzung von Seglern mag durchaus berechtigt gewesen sein. Die weitgehende Verminderung der Besatzungsstärke in späteren Jahrzehnten aber hat ihren Grund hauptsächlich in der steten Verschlechterung der Frachtraten. Die „Cutty Sark" erzielte 1893 für eine Ladung von 5010 Ballen Wolle, das sind rund 900 Tonnen von Sidney nach London die heutzutage geradezu unglaubliche Bruttoeinnahme von ungefähr 4000 Pfund Sterling, also ca. 90 Schilling pro Tonne! Von Jahr zu Jahr sanken die Frachten, bis heute 25—26 Schilling als gute Fracht angesehen werden müssen! Doch welche Gründe auch für eine schwächere Besetzung maßgeblich gewesen sein mögen, eines muß man nach gründlicher Prüfung aller Punkte selbst bei vorsichtiger Beurteilung zugeben: die hölzernen Matrosen der modernen eisernen Segler, sie haben wenigstens ebensoviel leisten müssen wie die eisernen Herrschaften auf den alten, zierlichen Holzkähnen des vergangenen Jahrhunderts!

Und ein sehr aufrichtiger Vertreter der „alten Schule" (Eisen auf Holz), der bekannte englische Kapitän und Schriftsteller Allingham sagt im Jahre 1900 von dem Tee- und Wollklipper „James Baines", der um 1860 auf der Höhe seiner Leistungen stand: „...but she (die „James Baines") used to carry a crew sufficiently numerous to man three ships of her size nowadays." („...aber sie fuhr ständig eine Besatzung, die zahlreich genug war, um heutzutage drei Schiffe ihrer Größe damit zu bemannen!").

## Schnelle Reisen und Rekorde.

Die goldenen Tage der Segelschiffahrt, sie liegen schon rund hundertundfünfzig Jahre hinter uns! Das waren die Zeiten, als die Ostindische Gesellschaft auf der Höhe ihrer Macht stand. Ihre Schiffe waren klein nach unseren Begriffen, im Durchschnitt 30—35 m lang, 10 m breit, mit einer Tonnage von 670 bis 700 Tonnen. Sie waren keineswegs als Schnellsegler gebaut. Plump und rund in den Unterwasserformen hoben sie sich jedoch auch bei schwerem Wetter selbst über die steilsten Seen, ohne die gefürchteten Brecher überzunehmen. Sehr sichere Schiffe waren es, sollten es auch in erster Linie sein. Denn ihre Räume bargen ja Ladungen von einer Kostbarkeit, die kein Risiko duldete. Gewürze, Edelmetall und edle Steine von Indien, Seide und Tee von China brachten sie heim. Ohne weitgehende Fürsprache und beste Verbindungen war es fast unmöglich, die Kapitänsstellung auf einem dieser Schiffe zu erhalten. Mit ihr waren schier unglaubliche Vorteile verknüpft. Ein beträchtlicher Teil des Laderaumes stand dem Kapitän zur Befrachtung auf eigene Rechnung zu. Natürlich wird es nicht die schlechteste Ladung gewesen sein, die dort verstaut war! Doch die Gesellschaft sagte sich wohl, daß ein am Gewinn beteiligter Führer auch erhöhte Sorgfalt auf eine sichere Durchführung der Reise verwenden würde. Außerdem galten sämtliche Passagiergelder als die Einnahme des Kapitäns. Und die Passagen waren erstaunlich teuer zu jener Zeit. Kostetete 1815 doch schon ein gewöhnlicher Brief von London nach Kalkutta 3¾ Schilling! So ist es denn kein Wunder, wenn man hört, daß diese Kommandanten auf einer Aus- und Heimreise nach Indien 4 bis 5000 Pfund Sterling Privateinnahmen hatten und oftmals noch beträchtlich mehr! Ein Ostindienkapitän, der sich nicht nach fünf Rundreisen für den Rest seiner Tage auf ein eigenes Landgut zurückzog, galt als wenig erfolgreich.

Selten geschah es, daß eines dieser Schiffe seine Rundreise in weniger als einem Jahre erledigte. Sie hatten viel Zeit. Erst kam die Sicherheit! Darum wurden abends die oberen Segel festgemacht, ob das Wetter unruhig war oder nicht. Erst nach Sonnenaufgang entfalteten sie wieder ihre sämtlichen Schwingen. Während um 1700 eine große Reihe Indienfahrer 1000 Tonnen und mehr erreicht hatten, fällt bei diesen Schiffen um die Mitte des 18. Jahrhunderts ein merkwürdiger Umstand auf: viele hatten eine Tonnage von 490 und einigen Tonnen, keines jedoch mehr als 499. Eine Erklärung liegt in der gesetzlichen Bestimmung jener Jahre, die für alle englischen Schiffe von 500 Tonnen aufwärts, einen Geistlichen vorschreibt.

Nun vertrat die Gesellschaft entweder die Ansicht, daß bei der bekannten Ehrlichkeit des Seemannes die Anstellung eines Bordgeistlichen als übertriebene Sorge für Janmaats Seelenheil gelten müsse, oder — sie hielt das Gehalt für den Gottesmann als unnötige Belastung des Betriebes. Vielleicht teilte man im Direktorium jedoch auch den noch heutigentags geltenden Glauben der Seeleute, daß nämlich die Anwesenheit eines „Schwarzrockes" an Bord Unglück brächte. Sei es wie es wolle, erst nach Aufhebung dieses Gesetzes wurde die 500-Tonnen-Grenze von immer mehr Schiffen überschritten. Jedoch aus der Tatsache dieser Vorschrift geht noch ein wichtiger Schluß auf die Schiffahrtsverhältnisse dieser Zeit hervor. Während ein moderner 500 Tonnen-Segler eine Besatzung von etwa 12 Mann fährt, müssen die Ostindienfahrer immerhin so reichlich bemannt gewesen sein, daß der englische Gesetzgeber es für nötig hielt, dieser „Gemeinde" den Geistlichen zu geben. Schnelle Reisen, die sich späteren Leistungen an die Seite stellen könnten, haben die Ostindienfahrer nicht aufzuweisen. Und als im Jahre 1825 der erste Postdampfer die Reise England—Indien in 113 Tagen zurücklegte, wurde diese Zeit von der gesamten Schiffahrtswelt als außerordentlich gut bewertet. Die „Rekorde" dieser Epoche liegen lediglich auf finanziellem Gebiet. Und diese Höchstleistungen haben allerdings von keinem Segler der Folgezeit überboten werden können.[1])

Die Entwicklung schnellsegelnder Schiffe hat ihren Ausgang von einem Handel genommen, welcher in seiner Eigenart den beteiligten Staaten nicht gerade zur Ehre gereicht. Die chinesische Regierung hatte die Einfuhr des ihrem Volke so verhängnisvollen Opium verboten, und in der ganzen Welt gaben alle rechtlich denkenden Kaufleute diesem Verbot ihre Zustimmung. Die Aussicht auf hohe Profite ließ jedoch eine Reihe englischer und amerikanischer Unternehmer nicht schlafen. Sie gaben den Bau flinker Schiffe in Auftrag. Auf Kosten der Tragfähigkeit wurden deren Unterwasserlinien so verfeinert, daß sie in ihrer Form den Luxusseglern amerikanischer Millionäre unserer Tage glichen. Sie

[1]) In früheren Jahrhunderten war die Profitspanne noch größer. So zahlte die „Vereenigde Oostindische Compagnie" in Amsterdam regelmäßig über 50% Dividenden Im Jahre 1609 wurde sogar die Rekord-Dividende von 325% zur Verteilung gebracht! Die Schiffe dieser Gesellschaft waren 600 bis 1000 Last groß, das sind ca. 850 bis 1400 Registertonnen. Jedes Schiff fuhr die für unsere Verhältnisse lächerlich große und schier unglaubliche Besatzung von ca. 200 Mann!

brauchten ja auch keine großen Ladungen fassen, die Reise mit dem geschmuggelten Gift brachte trotzdem Riesengewinne. Um 1840 hatte England, der Schutzherr aller schwachen Nationen, es für menschlich und klug gehalten, das opiumverseuchte China durch einen jahrelangen und auf beiden Seiten mit äußerster Grausamkeit geführten Krieg zu zwingen, einige Häfen der Opiumeinfuhr zu öffnen. Zu diesen „Vertragshäfen" brachten die Opiumschiffe, die ersten Klipper, ihre verderblichen Ladungen. Dort lag der eigentliche Handel in Händen gewissenloser chinesischer Kaufleute, denen die eigenen Volksgenossen nur als Mittel zu schnellem Reichwerden dienten, ohne Rücksicht darauf, daß ihre Nation dabei vor die Hunde ging. Von den Klippern wurden die Opiumballen auf Lagerschiffe umgeladen, und die Kapitäne erhielten hier ihre Bezahlung in harten Silberdollars oder auch in Goldbarren. Die amerikanischen Klipper nahmen ihre Ware vielfach in Smyrna ein. Damals stand die türkische Opiumerzeugung auf der Höhe. Die englischen Schiffe dagegen beförderten fast ausschließlich indisches Opium. Daß dieser Handel sich lohnte, geht daraus hervor, daß die britisch-indische Regierung noch im Jahre 1911 gegen 100 Millionen Mark Steuern aus dem Opiumanbau zog! Heimkehrend schnappten die schnellsegelnden Klipper den alten, behäbigen Indienfahrern die besten Teeladungen fort. Und das wurde auch den übrigen Reedern ein Ansporn, zum Bau schneller Klipperschiffe überzugehen. Die Yankees mit ihrem stark ausgeprägten Geschäftsgeist erkannten zuerst die neue Lage.

Eine neuere amerikanische Aufstellung über die Herkunft der unter dem Sternenbanner fahrenden Seeleute hat die überraschende Tatsache enthüllt, daß 32% Ausländer sind, und weitere 20% erst kürzlich naturalisierte Fremde. Auch 1100 Reichs-Deutsche verdienen ihr Brot auf amerikanischen Schiffen. Man sieht daraus, daß der Yankee von heute kein Seemann ist, wenigstens nicht aus Überzeugung und Freude am Beruf zur See geht. Das war nicht immer so.

Vor rund hundert Jahren wurden in den Städten der amerikanischen Ostküste Schiffe gebaut, die in der Hand entschlossener Kapitäne Vorzügliches leisteteten. Die Besatzung eine "mixed crew", häufig alle Nationalitäten und Hautschattierungen, waren die Offiziere überwiegend Amerikaner. Es war ein hartes Leben auf diesen Schiffen, die Faust des "bully mate", des muskelgewaltigen und beim geringsten Anlaß zur Anwendung seiner Kräfte mehr als bereitwilligen Ersten oder

Zweiten Offiziers, hielt die nötige Disziplin an Bord. Aber die Schiffe waren auch sehr reichlich bemannt, so daß selbst schwierigste Manöver bei schlechtem Wetter ohne Gefahr durchzuführen waren. Die Wettfahrten um die schnellste Reise begannen, die natürlich auf der am häufigsten befahrenen Route zwischen Newyork und England besonderes Aufsehen erregten. Dem amerikanischen Kapitän S. Samuels blieb für alle Zeiten der Ruhm, die beste Seglerreise vom Sandy Hook Feuerschiff vor Newyork nach Queenstown in Irland gemacht zu haben. Die Rekordzeit von 9 Tagen 17 Stunden ist nie mehr geschlagen worden. Sein Schiff, der Vollrigger „Dreadnought", nur 60 m lang und 12 m breit, trug im Großmarssegel als Kennzeichen ein großes schwarzes Kreuz. Es wird berichtet, daß niemand Kapitän Samuels Schiff jemals mit festgemachtem Marssegel gesehen habe, und wenn der Nordwest auch noch so wütend über den Atlantik brauste.

Und als Mr. Gordon Bennett, der Besitzer des „New York Herald" und bestbekannte Sportsmann seiner Zeit, für seine Hochsee-Yacht „Henrietta" einen entschlossenen Führer suchte, weil er es sich in den Kopf gesetzt hatte, die beiden schnellsten Yachten in einem Rennen quer über den Atlantik zu schlagen, da wandte er sich an keinen anderen als den unerschrockenen Kapitän „Sam". Und er hatte seine Wahl nicht zu bereuen! Unter knatternden Wimpeln liefen die Rivalen vor brausendem Westwind in den winterlichen Nordatlantik hinaus. Es war der stürmische Dezember des Jahres 1866, und von Anfang der Reise an schäumten die Seen über die Decks der drei Renner. Nicht weniger als 18000 Pfund Sterling sollten beim Eintreffen des Ersten auf der Reede von Southampton den Besitzer wechseln! Von unbeugsamem Siegeswillen beseelt knüppelte Kapitän Samuels die „Henrietta" durch heulende Böen. Doch der erfahrene Seemann wußte auch die Grenze der Leistungsfähigkeit seines Schiffes klug zu wahren. Ohne nennenswerte Havarie passierte er 8 Stunden vor der „Vesta" das Ziel und sicherte seinem Auftraggeber den Wettbetrag, ein Vermögen von 360000 Mark. Als Dritter folgte die „Fleetwing", der von der schweren See acht Mann fortgewaschen worden waren. Auch in dieser Beziehung wurde es also ein teures Rennen!

Gemütvoller wickelte sich ein „Wettsegeln" zwischen den beiden Liverpooler Schiffen „Lorton" und „Cockerton" ab, die die Mündung der Mersey zusammen zu einer Reise nach Portland (Oregon) verlassen hatten. Sie lagen im Atlantik 40 Tage Seite an Seite. An einem Sonntag speisten der Kapitän der „Cockerton" mit seiner Gattin auf freundliche Einladung des Kapitäns der „Lorton" an Bord des Rivalen. Und am folgenden Sonntag revanchierte er sich gebührend und bewirtete das „feindliche" Kapitänspaar in seinem Salon. Innerhalb 24 Stunden trafen sie am Bestimmungshafen ein. Einträchtig verließen sie auch wieder zusammen Astoria Reede, und mit nur 3 Tagen Vorsprung warf die „Lorton" in Le Havre Anker, ehe die „Cockerton" in Dünkirchen ankam. Am gleichen Tage gingen sie dann aus ihren Löschhäfen ab, um Seite an Seite in die Mersey einzulaufen. 342 Tage waren sie über eine Strecke von mehr als 30000 Seemeilen fast ohne Unterbrechung zusammengeblieben!

Einen unerhörten Aufschwung nahm die amerikanische Schiffahrt durch die Entdeckung der Goldfelder in Kalifornien. Es gab nicht Tonnage genug, um all die Goldhungrigen von Newyork nach dem gelobten Lande zu schaffen. Über 100000 Passagiere sind im ganzen von den Klippern nach dem Westen befördert worden. Der Landweg war voller Gefahren. Der uns lächerlich scheinende Umweg rund Kap Horn war die schnellste und bequemste Verbindung. Um eine Entfernung von 2800 Seemeilen Luftlinie zu überbrücken, mußte man eine Seglerreise von wenigstens 14000 Seemeilen machen! Für jeden Tag, den ein Kapitän weniger als hundert Tage brauchte, bekam er von seinem Reeder und den Passagieren eine Prämie. Und sie knüppelten ihre Schiffe um die Horn, daß manchem „Digger" die Lust zu einer Wiederholung der Fahrt für immer verging. Die beste je bekannt gewordene Reise auf dieser Route gelang dem seiner Schönheit wegen berühmten Klipper „Flying Cloud", der den Weg in 89 Tagen und 21 Stunden zurücklegte, das sind 193 Seemeilen pro Tag. Als größtes Etmal wurden 371 Seemeilen genannt, 687 Kilometer, eine Leistung, die nur in ganz wenigen Fällen wiederholt werden konnte. Heiß gings bei den Rennen dieser Windhunde her, in denen die berühmten und auch manches Mal berüchtigten „Yankee-Skipper" die Segeleigenschaften ihrer Schiffe und die eigene Geschicklichkeit in deren Führung maßen. So verließen die Segler „Prima Donna" und „Governor Morton" am gleichen Tage New York. Fast Seite an Seite rundeten sie Kap Horn und kamen nach einem 94-tägigen Rennen über 15000 Seemeilen am selben Tage in San Francisco an, die „Prima Donna" mit knapp 3 Stunden Vorsprung. Wetten wurden abgeschlossen um hohe Beträge; auf Tod und Leben ließen die Kapitäne ihre Segel stehen, und viele Schiffe mit Hunderten von Menschen haben diesen Wahnsinn mit dem Untergang bezahlt.

Als ernsthaftester Konkurrent für die schnellsegelnden Yankee-Klipper traten um die Mitte des vorigen Jahrhunderts die Engländer auf. Es hatte sie schon lange gereizt, die hohen Tee- und Wollfrachten von China und Australien selbst zu verdienen. Unter Leitunga merikanischer Schiffsbauer entstanden die ersten englischen Klipper. Und bereits nach wenigen Jahren verdrängte der Union Jack die Stars und Stripes aus vielen Häfen des Ostens. Besonders die Passagierfahrt nach Australien ging bald völlig in englische Hände über, jedoch die Elite der englischen Seglerflotte blieb jahrzehntelang in der Teefahrt beschäftigt. Die Schwierigkeit der Holzbeschaffung hatte die englischen Werften zum Kompositbau übergehen lassen, d. h. das innere Gerüst des Schiffes wurde aus Eisen konstruiert und darüber eine Haut aus Teakholz gelegt, die im unteren Teil noch zum Schutz gegen Wurmfraß und Anwachsen von Muscheln mit Kupfer beschlagen wurde. Das war eine sehr teure Bauweise, aber diese Schiffe waren fast unverwüstlich und erhielten von den Klassifikationsgesellschaften anstandslos die erste Klasse für 20 Jahre! Heute muß auch der teuerste Bau nach spätestens 4 Jahren sich einer peinlichen Untersuchung unterziehen, um seine Klasse erneuert zu bekommen.

Die Namen der flinken Teeklipper leben für immer in den Annalen der Seefahrt. Es waren nach unseren Begriffen recht kleine Schiffe, 800 bis 900 Tonnen. Der größte von ihnen, die „Oberon", hatte knapp 1000 Tonnen. Dabei fuhren sie eine sehr starke Besatzung. Sie machten schnelle Reisen, mußten es. Denn sie waren ja auch lediglich nach dem Gesichtspunkt äußerster Geschwindigkeit gebaut. Verglichen mit ihnen sieht eins unserer neuzeitlichen mit ihren vollen Formen für möglichst hohes Fassungsvermögen konstruierten eisernen Segelschiffe plump aus wie ein 5 Tonnen-Büssing neben einer Maybachlimousine. Und von diesem Gesichtspunkt aus müssen alle Vergleiche alter und neuer Reisen verstanden werden. Trotz ihrer geringen Ladefähigkeit brachten die Klipper glänzende Verdienste. Nur schnell mußten sie ankommen, denn Tee ist ja bekanntermaßen äußerst empfindlich und zieht während einer langen Seereise leicht an. Jedes Jahr bekam das erste mit Tee frischer Ernte in England eintreffende Schiff eine Prämie von 1 Pfund Sterling pro

Tonne Ladung. Und ganz England geriet verständlicherweise in einen Begeisterungstaumel, als im Jahre 1856 zum ersten Male ein britisches Schiff den Preis den siegesgewohnten Yankees entriß. Mit knapp 10 Minuten Vorsprung lief das englische Vollschiff „Lord of the Isles" nach einer Reise von 98 Tagen vor dem amerikanischen Klipper „Maury" in die Themse ein.

Die zum Vergleich mit unserer „Preußen" herangezogene „Cutty Sark" ist eins der berühmtesten Schiffe gewesen. Wundervolle Reisen hat sie ausgeführt und spielend jeden Mitsegler hinter sich gelassen. Doch es ist kein Wunder. Sie war ja ihrer Bauart nach gar kein Frachtschiff im Sinne unserer heutigen in härtestem Wettbewerb kämpfenden Schiffahrt. Ihre schlanken Unterwasserlinien waren die einer Yacht. Der geringste Lufthauch genügte, um dieses grazile Bauwerk mit beträchtlicher Geschwindigkeit durchs Wasser zu treiben. Und in Schlechtwetter hob sie sich leicht und rasch wie eine Möwe über die schwerste See hinweg, ohne je die einem Schiffe so gefährlichen und der Reise hinderlichen Brecher überzunehmen. So war es möglich, daß sie innerhalb von 11 Tagen die Strecke von 3457 Seemeilen zurücklegte, das sind 6402 Kilometer, der Weg von Berlin bis Bombay! Vom Mittag des 14. Oktober bis zum Mittag des 20. durchflog sie 1893 die Entfernung von 2180 Seemeilen, 4437 Kilometer, in 6 Tagen von Berlin bis zum Nordpol! Diese Dauerleistungen sind nie wieder erreicht worden, obgleich die größte Tagesleistung, 363 Seemeilen mit 28 Kilometer Stundengeschwindigkeit, mehrmals von deutschen Schiffen überboten wurde.

Die Eigenart der Windverhältnisse auf der Reiseroute nach China oder Australien begünstigt solche tagelangen Rekordfahrten. Sowie der Segler die Höhe des Kaps der guten Hoffnung erreicht hat und sich nach Osten wenden kann, tritt er gleichzeitig in einen Gürtel mit größter Regelmäßigkeit wehender Westwinde ein, die seine Reise natürlich in hohem Maße beschleunigen. Die Stetigkeit dieser Westwinde hat ihnen seitens der deutschen Seeleute den Namen „die braven Westen" eingetragen. Von den amerikanischen Wollklippern aber erhielt die Gegend zwischen 40 und 50 Grad Südbreite den ominösen Titel "the roaring forties" — die brüllenden Vierzig. Sehr häufig steigert sich der „brave West" nämlich zu Sturmesstärke, und platt vor dem Laken oder mit Backstagsbrise rauschten die flinken Klipper unter brechend vollem Zeug dem Osten zu.

Hier in dieser Gegend sind diese erstaunlichen Strecken innerhalb weniger

Tage abgelaufen worden, und nur in diesen Breiten mit ihrem starken stetigen Rückenwind sind gute Reisen von solcher Regelmäßigkeit möglich gewesen. Denn Jahr um Jahr überraschten die Klipper durch ihre fast mit fahrplanmäßiger Pünktlichkeit durchgeführten Fahrten. Einer der besten Segler seiner Zeit, das Vollschiff „Hallowe'en", machte im Winter 1873 die Reise Shanghai—Themsemündung in 90 Tagen, im folgenden Winter in 91, wieder ein Jahr später die Reise Wusung—London in 92 Tagen.

Allerdings hat dasselbe Schiff in ungünstigen Jahren für die gleiche Reise auch längere Zeit gebraucht, sogar bis zu 135 Tagen. Und ebenso ging es den anderen Klippern mitunter, der „Leander" und „Lahloo", der „Sir Lancelot" und „Titania", die ihre beste Teereise in 93 Tagen zurücklegte. In den 9 Jahren von 1870 bis 1878 lassen sich von 130 Reisen der Teeschiffe glaubhaft 10 mit weniger als 100 Tagen nachweisen, die meisten liegen zwischen 110 und 120 Tagen, nämlich 47, 33 zwischen 120 und 130 Tagen, und 14 sogar über 130 Tagen!

Die berühmteste Ozeanregatta wurde im Jahre 1866 von fünf dieser Teeklipper ausgetragen. An einem Maitage passierten drei Schiffe, die „Ariel", „Taeping" und „Serica", innerhalb einer Stunde im Tau ihrer Schlepper die Barre von Wusung an der Mündung des Yangtsekiang und stachen in See. Wenige Stunden später folgte die „Taitsing", doch schon am Tage vorher war die „Fiery Croß" ausgelaufen. Alle fünf Segler sollten ihre Teeladung in London löschen. Außer um die übliche Belohnung für das erste in England eintreffende Teeschiff ging es diesmal noch um erstaunlich hohe Wetten, die von Reedern und Kapitänen abgeschlossen worden waren. „Taeping" und „Ariel" lagen für viele Tage zusammen. St. Helena liefen alle fünf innerhalb weniger Stunden an. Noch hatte die „Fiery Croß" die Führung. Doch im Nordatlantik wurde sie von den Seite an Seite liegenden „Ariel" und „Taeping" überholt. Und nur wenige Meilen auseinander liefen beide Schiffe in den Kanal ein. Nun begann ein Wettsegeln, das die gesamte Schiffahrtswelt Englands in atemloser Spannung hielt. An den Signalstellen im Kanal meldeten die beiden Renner durch Flaggensignale ihre Fortschritte, der Telegraph spielte nach allen Richtungen, und die Wetten stiegen und fielen, je nachdem einer der Segler die Führung an sich gerissen hatte. Hunderte hatte das Rennfieber erfaßt und es standen große Vermögen auf dem Spiele. Mit 12 Minuten Vorsprung kam „Ariel" vor der Themse an. Als die „Taeping" für ihren Lotsen signalisierte, kletterte der des Rivalen

Heimgekehrt von langer Reise!
Die Bremer Viermastbark „Seefahrer" zieht im Tau eines Schleppdampfers elbaufwärts. Die Farbe der Bordwand von der See zerrieben, Lenzpforten und Speigatten rostzerfressen – das sind für Seemannsaugen untrügliche Zeichen für viele durchwetterte Sturmtage und tausend über das Schiff brandende Brecher. Sämtliche Segel sind bereits abgeschlagen und verstaut.

Das sind die Lappen, die große Segler über Tausende von Meilen tragen!

gerade an Bord. 97 Tage hatte die Reise von Shanghai gedauert. Aber durch einen Zufall gelangte die „Ariel" erst 23 Minuten später ins Dock von London. Und nach der Sitte der Zeit war dieser Augenblick entscheidend für den Zuspruch der jährlichen Belohnung. Jedoch wurde in diesem Falle eine Ausnahme gemacht. Die Besatzungen beider Schiffe teilten sich kameradschaftlich in die heiß umstrittene Prämie.

Im Laufe der Zeit sind die Leistungen mancher Klipper ein wenig ins Sagenhafte gesteigert worden. Besonders über die Australienreisen haben alte englische Veteranen dieser Fahrt die unglaublichsten Dinge berichtet. Ohne Zweifel sind oft ganz hervorragende Zeiten auf dieser Route gefahren worden. So hat die „Cutty Sark" 1885 die 12400 Seemeilen lange Reise Sidney—Kanal in 68 Tagen, 1886 in 70 und im folgenden Jahre in 69 Tagen zurückgelegt. Das sind Leistungen, die von den schweren Seglern späterer Zeiten schlechterdings nicht erwartet werden konnten. Und doch haben in neuester Zeit zwei deutsche Großsegler einen neuen Rekord auf dieser Route aufgestellt[1]). Insbesondere auf der Ausreise hatten es die Wollklipper leicht. Nur halb beladen oder in Ballast führten sie in ihrem Zwischendeck meist 100 bis 300 Auswanderer mit. Natürlich schwangen sich die Schiffe leicht wie die Möven vor Wind und See dahin. Als sie später die überhandnehmende Konkurrenz der regelmäßige Linien befahrenden Dampfer zwang, Ladungen anzunehmen, über die ein Klipperkapitän bisher nur verächtlich die Nase gerümpft hätte, als sie mit Kohle und Salpeter im Bauch so tief wie nur möglich weggeladen aus dem Hafen schwankten, ja, da war's auch vorbei mit ihren fabelhaften Rekordreisen.

Vor einigen Jahren tauchten zahlreiche Berichte aus der Feder englischer früherer Klipperseeleute auf. Jeder übertraf den vorhergegangenen. Durch Jahre hielt der Streit um die schnellste Reise von London nach Melbourne die Gemüter in Aufregung. Erst war's die „Cutty Sark" mit 68 Tagen, dann im gleichen Jahre 1875 die „Thermopylae" mit 65. Der nächste Bericht sprach von einer Reise desselben Schiffes vom 21. November 1874 bis 4. Februar 1875, also in 64 Tagen, schließlich von 2 Reisen von London nach Melbourne in 60 Tagen. Und da gings los! Die Wunderschiffe häuften sich, jeder nahm für ein anderes, „sein" altes Schiff den Ruhm der besten Reise in Anspruch. Die Bark „Common-

---

[1]) Siehe Seite 52/53.

wealth“ hätte nur 57 Tage gebraucht, darauf die „Decapolis“ noch einen Tag weniger. Allerdings widersprach sofort ein ehemaliger Kapitän desselben Schiffes und schrieb, statt 56 müsse es 65 heißen. Nach einem Jahrgang des "South Australian Register", das einen amtlichen Bericht für das Parlament über die Reisen der Paketschiffe von England nach Melbourne bringt, wird als schnellste Reise von 16 verschiedenen Klippern die Reise der „James Baines“ mit 66 Tagen als beste aufgeführt, allerdings eine ganz hervorragende Leistung. Danach kommt die „Lightning“ mit 74 und „Red Jackett“ mit 75 Tagen. Ebenfalls stritt man erbittert über das größte, je abgesegelte Etmal und verstieg sich bis zu 437 Meilen in 24 Stunden, das wäre eine stündliche Fahrt von über 18 Knoten, wie sie heute die Hapagdampfer der „Albert Ballin“-Klasse laufen! Diese Angabe wurde vom Anwalt eines anderen Schiffes als fehlerhaft zurückgewiesen und in 374 korrigiert. Hierbei bleibt es nun obendrein ungeklärt, ob Seemeilen zu 1852 oder statute miles zu 1609 m zu verstehen sind. Das bedeutet bei einem Etmal von 300 Seemeilen einen Unterschied von 40 Meilen! Und statt 18 Knoten Stundengeschwindigkeit käme man zu einer wirklichen Fahrt von 16 Knoten unserer heutigentags üblichen Rechnung. Diese Geschwindigkeit ist jedoch in mehr als einem Falle von der Viermastbark „Passat“ und einigen ihrer Schwesterschiffe erreicht worden, trotz ihrer gewaltigen Größe von 3000 Tonnen und ihrer schweren Ladungen!

Nach Angaben des letzterwähnten Berichterstatters war der Vollrigger „Torrens“ das schnellste Schiff, das für eine Australienreise niemals mehr als 70 Tage gebraucht hätte. Wie der Zufall es will, traf gleichzeitig bei der Redaktion derselben Zeitschrift der Brief eines Australiers ein, der die Reisedaten des fraglichen Schiffes aus eigener Erfahrung kannte. Dabei stellte sich heraus, daß von 26 Austral-Reisen der „Torrens“ nur 3 unter 70 und 2 mit 70 Tagen gewesen sind, aber 12 von über 80 Tagen! Es ist ein Streit um des Kaisers Bart, denn wirklich einwandfreie Aufzeichnungen finden sich über die vielen „besten“ Reisen nicht. Sicher ist Gutes geleistet worden, Hervorragendes oftmals. Doch die Schiffe und Seeleute späterer Jahre haben in vielen Reisen bewiesen, daß sie sogar mit zahlenmäßig schwächerer Besatzung das gleiche leisten konnten.

In der zweiten Hälfte des vergangenen Jahrhunderts trat ein neuer Mitbewerber um die Ernten der Meere auf den Plan. Der nationale Zusammenschluß der deutschen Stämme nach dem Siebziger Kriege hatte auch der deutschen Wirtschaft neue Wege gewiesen. Man besann sich auf die einstige Bedeutung der hansischen und später der brandenburgischen Schiffahrt. Vom Heck deutscher Schiffe grüßte nicht mehr eine hamburgische, eine bremische, lübsche, preußische oder mecklenburgische Flagge. Unter Schwarz-weiß-rot bekannten sie sich alle als Kinder derselben Mutter.

Gewiß hatten sich früher bereits die Anfänge geregt. Schon um die Mitte des 19. Jahrhunderts wurde der Grundstein zu den heutigen weltumspannenden deutschen Schiffahrtsunternehmen gelegt. Und auch im Schiffbau rührte man sich. Hier war es besonders ein Mann, der als Bahnbrecher gewirkt hat, der Schiffbauer und Reeder R. C. Rickmers. Mit kleinen Anfängen beginnend, verfügte er bald über eine große Flotte auf eigner Werft an der Unterweser erbauter Segler. Ihre Namen entlehnten sie den Mitgliedern der Familie Rickmers. Die ersten waren kleinere, hölzerne Schiffe, doch gegen Ende des letzten Jahrhunderts schon waren es Segler von nie geahnten Ausmaßen, die gewaltig große Ladungen beförderten und die grün-rot-weißen Farben in aller Welt bekannt gemacht haben. Die Fahrten der Segler der Rickmers-Reederei, der ein großer Reismühlenbetrieb angegliedert worden war, führten durch Jahrzehnte hindurch in der Hauptsache nach den Reisplätzen des Ostens. Die Ausreise ging auf zwei verschiedenen Routen vonstatten. Vielfach liefen die Schiffe von der Heimat in Ballast nach England, um dort meistens in Cardiff eine Ladung Steinkohlen einzunehmen, die entweder für Indien und Südasien oder für einen der japanischen oder chinesischen Häfen bestimmt war. Vom Löschhafen wurde wieder in Ballast nach Rangoon, Bangkok oder Saigon versegelt, und mit voller Ladung Reis kehrten die grünen Segler dann mit nur ganz wenigen Ausnahmen zu den Reismühlen nach Bremen heim. Vielfach vollzog sich die Ausreise auch in der Weise, daß die Schiffe in Ballast erst den Atlantik überquerten, in Philadelphia oder New York eine Ladung „Kistenöl", Petroleum in Kisten, übernahmen und damit nach einem Hafen Japans, seltener nach Rangoon oder Bangkok direkt segelten.

Ausreise und Heimreise führten die Rickmers-Segler aber regelmäßig durch die süd- und ostasiatischen Randmeere mit ihrem Gewirr von Inseln und Inselchen, ihren Tausenden von Korallenriffen und Klippen, die sich bei jedem der häufigen Seebeben ändern, ihren gefürchteten Wirbelstürmen und ihren noch mehr gehaßten, wochenlang anhaltenden Windstillen. Diese Reise stellt den Schiffsführer vor wesentlich schwierigere Aufgaben als die Australroute, und hier haben deutsche Seeleute bewiesen, daß sie den Vergleich mit den Seefahrern jeder anderen Nation nicht zu scheuen brauchen.

Die 2066 Tonnen große Viermast-Bark „René Rickmers", 1887 gebaut mit einer Tragfähigkeit von 3200 Gewichtstonnen, hat ihrer Flagge Ehre gemacht. 1897 legte sie die 17500 Seemeilen von Philadelphia nach Hiogo in Japan in 118 Tagen zurück. Das bedeutet einen Tagesdurchschnitt von 148 Seemeilen, 266 Kilometer, die Strecke München—Mannheim. Für solch großen schweren Segler ist das eine sehr gute Leistung, wenn man bedenkt, daß Gegenwind und Sturm, Flauten und klippenreiche Gewässer überwunden werden müssen. Und im Jahre 1905 gelang ihr dieselbe Reise in 111 Tagen, also mit einem Tagesdurchschnitt von 284 Kilometern, 12 Kilometer stündlich. Die Stetigkeit über die ganze Länge der Reise, 3 Monate und noch 3 Wochen, ist das Bewundernswerte an solcher Leistung!

Andere bemerkenswerte Reisen dieses Schiffes waren:

| | | | | | | |
|---|---|---|---|---|---|---|
| 1908: | New York—Rangoon | das sind ungefähr | 13500 | Seemeilen in | 100 | Tagen |
| 1888: | Cardiff—Singapore | „ „ „ | 12000 | „ „ | 104 | „ |
| 1894: | „ „ | „ „ „ | 12000 | „ „ | 103 | „ |
| 1898: | „ —Honkong | „ „ „ | 13200 | „ „ | 95 | „ |
| 1890/91: | Portland (Oreg)—Liverpool | „ | 15000 | „ „ | 103 | „ |

Die 2926 Brutto-Register-Tonnen große „Peter Rickmers", bekannt als das einzige deutsche Viermastvollschiff und seiner Zeit der schönste Segler der Welt, hat wohl die besten Reisen der Rickmerschen Flotte gemacht. Im Jahre 1889 die 13500 Seemeilen von Greenock nach Rangoon in 104 Tagen, 1890 von Cardiff nach Olehleh, dem Hafen von Kotaradjah an der Nordwestecke von Sumatra, ungefähr 12000 Seemeilen in 100 Tagen. Im folgenden Jahre unter Kapitän Andresen sogar in nur 93 Tagen! Kapitän Berg segelte das Schiff in 84 Tagen, vom 20. Februar bis 15. Mai, von Cardiff nach Singapore, mit 3450 Tonnen Kohlen an Bord. Das sind 6 Güterzüge mit je 40 Waggons, deren jeder 300 Zentner Kohlen trägt! 1896 brauchte es von Cardiff bis zur Sunda-Straße nur 81 Tage! Weitere gute Reisen waren:

Vor dem Sturm: „Oberbramsegel"

0 m über Deck, in weitem Bogen von Seite zu Seite pendelnd, arbeitet der Segler-matrose so sicher und gelassen wie der Provisor an seinem Laboratoriumstisch.

Aufnahme von A. Villiers.

Das einzige deutsche Viermastvollschiff, die „Peter Rickmers", gestrandet auf Fire Island.

Am folgenden Tage. Sturm und See haben ihr Vernichtungswerk begonnen.

| | | | | | | |
|---|---|---|---|---|---|---|
| 1896: | Cardiff—Singapore | ungefähr | 12000 | Seemeilen | in | 89 Tagen |
| 1903: | „ —Nagasaki (Japan) | „ | 14800 | „ | „ | 107 „ |
| 1907: | Penarth (Bristol K.)—Singapore | „ | 12000 | „ | „ | 95 „ |
| 1890: | Cardiff—Olehleh | „ | 12000 | „ | „ | 100 „ |
| 1891: | „ — „ | „ | 12000 | „ | „ | 93 „ |
| 1902: | Astoria (Oregon)—Birkenhead | „ | 15000 | „ | „ | 115 „ |
| 1890: | Rangoon—Bremen | „ | 12600 | „ | „ | 116 „ |
| 1895: | „ — „ | „ | 12600 | „ | „ | 118 „ |
| 1899: | „ — „ | „ | 12600 | „ | „ | 109 „ |

Unter Kapitän Walsens Führung machte das Schiff im Jahre 1904 eine Reise von Rangoon nach Bremen in 113 Tagen, obgleich das Schiff durch Sturm zu dem Umweg nördlich um Schottland gezwungen wurde. Am 1. Mai 1908 ist es dann auf der Reise von New York nach Japan im Sturm auf Fire Island gestrandet und leider verloren gegangen. Die Mannschaft wurde vollzählig gerettet.

Die Bark „Rickmer Rickmers“ machte die Reise New York—Yokohama mit 78100 Kisten Petroleum in 119 Tagen. Von Singapore bis London brauchte die Bark „Andree Rickmers“ nur 104 Tage. Ihre Ladung bestand aus 15 217 Sack Kopra, 6315 Sack Reis, 174 Sack Pfefferstaub, 808 Körben Zucker, 6718 getrockneten Häuten, 421 Ballen Leder und 2088 Bündeln Rattan-Rohr. 2360 Tonnen, das sind 47200 Zentner, wog dieses Warenlager. 1892 machte dasselbe Schiff die Reise Cardiff—Singapore in 97 Tagen. Die gleiche Strecke durchsegelte Kapitän J. Heins mit der Bark „Elisabeth Rickmers“ in nur 93 Tagen, und die Entfernung Cardiff—Olehleh im folgenden Jahr in 92 Tagen. Gute Leistungen auf der Strecke Cardiff—Singapore hatte auch die 2300 Tonnen große Viermastbark „Robert Rickmers“ aufzuweisen. Innerhalb weniger Jahre sind ihre Zeiten 103, 119, 114, 108 und auf der besten Reise nur 90 Tage.

Leider haben diese stolze Flotte schöner Segler schwere Verluste getroffen. Im Jahre 1892 hatte die Reederei mit dem Bau der Fünfmastbark „Maria Rickmers“ ein kühnes Experiment unternommen. Sie war der größte Segler ihrer Zeit. 115 m lang, 16 m breit hatte sie bei einer Bruttotonnage von 3822 Tonnen eine Ladefähigkeit von 6000 Tonnen. 64 m ragten die Masten über Deck, die Unterraaen spreizten sich 28 m, noch über den Roilraaen fuhr das Schiff 11,5 m lange Skeisegelraaen. Eine Hilfsmaschine von 650 PS sollte über Flauten helfen. 926000 Mark hatte der Bau gekostet.

Die ganze Besatzung umfaßte 39 Mann, worunter sich 2 Maschinisten, 2 Heizer und 2 Kohlentrimmer befanden. Die nichtseemännischen Mitglieder eingeschlossen kamen also auf den Mann der Besatzung über 100 Brutto-Register-Tonnen! Die erste Ausreise wurde ein voller Erfolg. Am 15. März war das Schiff von Cardiff mit einer Ladung Kohlen ausgelaufen und hatte am 2. Juni nach nur 79 Tagen in Singapore die Anker fallen lassen. Daß sie auch ohne Maschine ein tüchtiges Seeschiff war, bewiesen ihre Etmale, deren viele über 250 Seemeilen lagen. Bei stetiger steifer Brise hatte sie in 24 Stunden sogar 303 Seemeilen gutgemacht! Von Singapore nach Saigon hatte das mächtige Schiff dank seiner Maschine nur 5 Tage gebraucht. Mit 56727 Sack Reis ging es am 15. Juli nach der Heimat in See. Am 24. passierte es wohlbehalten die Sunda-Straße. Seitdem ist es verschollen. Kein Rettungsring, kein treibendes Boot gab einen Anhalt über seinen Verbleib.

Für die am 2. August 1895 auf den Korallenriffen der Ombay-Passage verloren gegangene dreimastige Bark „Paul Rickmers" war eine große Viermastbark von 4600 Tonnen Tragfähigkeit gebaut worden. Fast genau 10 Jahre nachdem die „Maria Rickmers" auf ihrer letzten Reise die Sunda-Straße passiert hatte, am 20. Juli 1902, segelte die neue „Paul Rickmers" durch dieselbe Meerenge auf der Heimreise von Bangkok nach Bremen. Auch sie ist seit diesem Tage mit der ganzen Besatzung spurlos verschwunden.

Größtes Aufsehen in Schiffahrtskreisen erregte der im Jahre 1906 auf eigener Werft erbaute Fünfmaster „R. C. Rickmers". Als Bark getakelt und 122,5 m lang, hatte dieses Schiff eine Hilfsmaschine, weswegen es trotz seiner von keinem anderen Raaschiff erreichten 5548 Brutto-Register-Tonnen nicht als das größte Segelschiff der Welt gilt.

Gleich die erste Reise bewies die Brauchbarkeit des Schiffes. In 22 Tagen war es von Bremen nach New York gekommen, um hier Kistenöl zu laden. Die Reise nach Saigon dauerte nur 83 Tage, und von Bangkok nach Hause brauchte es danach 91 Tage, hatte den Englischen Kanal sogar schon in 85 Tagen erreicht. 1907 gelang ihr die Reise von Antwerpen nach San Francisco in 92 Tagen. Es ist die schnellste Reise, die je auf dieser Route gemacht wurde. Allerdings unterstützte die Maschine an windstillen Tagen den Fortgang bedeutend. Seine schnellste Reise machte das mächtige Fahrzeug 1910 von San Francisco nach Kutschinotsu bei Nagasaki. Für die 7065 Seemeilen brauchte sie $33^1/_2$ Tage, das ist eine Durchschnittsgeschwindigkeit von stündlich 9 Seemeilen.

Man bedenke, daß die Frachtdampfer jener Jahre auch nicht mehr, häufig aber weniger liefen! Wie die Reisen dieses Schiffes sich abwickelten geht aus folgender Aufstellung hervor: 1912 war es am 29. Mai von Philadelphia mit 200 114 Kisten Petroleum in See gegangen, um genau 100 Tage später, am 6. September, in Kobe einzutreffen. Von den 17086 Seemeilen dieser Reise legte sie zurück:

| | |
|---|---|
| nur unter Segel | 11 533 Seemeilen |
| unter Segel und Dampf | 3684 |
| nur unter Dampf ........... | 1869 |

Bei Kriegsausbruch befand sich das Schiff in Cardiff unter Beladung mit Kohlen für die Westküste. Mit Freuden „liehen" die Engländer es sich aus und benutzten es für ihre Zwecke. 1916 ist das herrliche Schiff, mit Zucker von Mauritius kommend, vor dem Eingang des Englischen Kanals von einem deutschen Unterseeboot torpediert und versenkt worden.

Die 1869 erfolgte Inbetriebnahme des Suezkanals hatte die Verdienstmöglichkeiten großer Segelschiffe gewaltig geschmälert. Es wurde immer schwieriger, eine Teeladung zu erhalten. Der Weg nach den östlichen Plätzen war durch den Durchstich der afrikanischen Landenge wohl verkürzt worden, doch kam dieser Vorteil lediglich den Dampfern zugute. Denn für einen Segler ist die Passage durch den Kanal und weiter durch das Rote Meer und den Golf von Aden schlechterdings unmöglich. Welche Bedeutung der neue Kanal hatte, mögen einige Zahlen verdeutlichen:

Vom Ausgang des Englischen Kanals betragen die Entfernungen auf den

| Dampfer-Routen | um das Kap der guten Hoffnung | durch den Suez-Kanal | Wegkürzung |
|---|---|---|---|
| nach Sidney | 12250 Seemeilen | 11 180 Seemeilen | 1070 Seemeilen |
| Yokohama... | 14110 | 10810 | 3300 |
| Hongkong | 12760 | 9350 | 3410 |
| Singapore | 11460 | 7910 | 3550 |
| Rangoon.... | 11140 | 7630 | 3510 |

Die größte Weg- und daher Zeitersparnis ergab sich für die Tee- und Reishäfen Asiens. Folgerichtig wurde der Segler hier am ersten von den gerade Wege nach festen Fahrplänen steuernden Dampfern verdrängt. Die Fahrt nach Australien blieb noch lange ihre Domäne. Doch die Spekulation am Wollmarkt übergab diese Ladung auch bald den Dampfern. Nur die Getreidefahrt von Australien ist bis auf den heutigen Tag eine der hauptsächlichen Beschäftigungsmöglichkeiten für Tiefwassersegler geblieben.

Inzwischen aber hatte sich ihnen ein neues Feld erschlossen. Der ständig wachsende Bedarf an Salpeter in Europa führte immer mehr Segler in den Häfen der südamerikanischen Westküste zusammen. Frühzeitig hatte der Hamburger Reeder Ferdinand Laeisz die Aufbaufähigkeit dieser Fahrt erkannt. In rascher Folge schuf er sich eine bedeutende Seglerflotte in den Jahren nach dem deutsch-französischen Konflikt. Durch Kauf und Bau verfügte er 1888 über 12 Barkschiffe, alles ausgesucht schnelle Fahrzeuge. Dann kamen die herrlichen Viermastbarken, die den Ruf der Hamburger Seglerfahrt begründeten. Die Namen sämtlicher Laeiszschiffe begannen mit dem Buchstaben „P". Davon leiteten die englischen Seeleute die Bezeichnung "flying P-Liner" für die Schiffe unter der weißen Kontorflagge mit dem roten FL darin her. Es wurde bald ein Ehrenname für jeden seiner Träger. Mit der Regelmäßigkeit von Postdampfern pflügten viele der großen, prächtigen Schiffe den Atlantik hinauf und hinab. Die Kapitäne, die sie führten, waren mit den geheimsten Launen des Wetters ihrer Route vertraut, nutzten jede Winddrehung jeden noch so schweren Sturm zur Förderung ihrer Reise. Durch diese Schiffsführer ist die Seglerfahrt zur Wissenschaft vervollkommnet worden. Eisern reckten sich die Masten auf diesen Schwerwetterschiffen bis zum Flaggenknopf, eiserne Raaen breiteten Segel von bisher nie für möglich gehaltener Fläche. Wo andere Schiffe Hanf- und Manilatauwerk fuhren, gelangte hier Stahldraht zur Verwendung. Und sie nützten auch ihre eiserne Takelage. Wenn andere Schiffe ihre Obermarssegel festmachten, rauschten sie mit beiden Bramsegeln im Topp vorbei. Hölzerne Seeleute waren's, die diese eisernen Schiffe fuhren? Schön! Nur gebt uns mehr von dieser Sorte! Wenn die im Vergleich zu den berühmten Klippern lächerlich schwachen Besatzungen aus hölzernen Matrosen bestanden, dann hat der Herrgott für diese deutschen Jungens eine Art Holz genommen, das mindestens ebenso hart aber auch doppelt so zähe war, wie das Material der gepriesenen eisernen Seeleute vergangener Tage! Sie haben ihrem Drechsler weiß Gott keine Unehre gemacht, die Holzseeleute der eisernen P-Schiffe!

Alle Welt horchte im Frühjahr 1892 auf bei der Nachricht, daß die 1440 Tonnen große Bark „Pamelia" von Dover nach Iquique nur 67 Tage gebraucht habe. Viele Fachleute hielten's für eine Zeitungsente!

Die Fünfmastbark „R. C. Rickmers"
nach der Fertigstellung im Hafen von Geestemünde.

Die Bark „Elisabeth Rickmers"
im Sturm gestrandet an der jütischen Küste im Februar 1894.

50 m hoch reckte sich die Pyramide aus Eisen und Segeltuch in den blauen Passathimmel.

Die Segel des Vortopps von oben gesehen. Man sieht's, wie sie den Rumpf unter sich durch die Flut reißen.

Links oben ist das rote F L im weißen Felde, das Wahrzeichen der Laeißsegler zu sehen. Die Bugwelle vor dem Steven läßt die hohe Geschwindigkeit erkennen. „Gleunige Fohrt —!" nennt das der Seemann!

Doch schon kam eine neue Meldung hinterher, die schier unglaublich anmutete: geführt vom jungen Kapitän Hilgendorf war die von Tecklenborg in Bremerhaven neugebaute „Placilla", ein mächtiger Viermaster von 2900 Brutto-Register-Tonnen, am 2. März aus dem Kanal ausgelaufen und schon am 29. April, nach 58 Tagen, in Valparaiso angekommen! 9500 Seemeilen in 58 Tagen, 164 Seemeilen, 304 Kilometer pro Tag im Durchschnitt. Diese Leistung konnte später auch nur viermal übertroffen werden. Die Öffentlichkeit begann sich für die Salpeterfahrer zu interessieren. Mit wachsendem Staunen verfolgte man die Reisen der Hamburger Großsegler. So machte die „Pampa" folgende bemerkenswerte Fahrten:

| | | |
|---|---|---|
| 1892: | Dungeneß—Iquique ........ | 67 Tage |
| 1893: | „ —Valparaiso ....... | 64 „ |
| 1893: | Dover — „ ..... | 65 „ |
| 1894: | Dungeneß— „ ..... | 64 „ |
| 1898: | Iquique—Cuxhaven........... | 69 „ |

Unter Kapitän Schröder machte das Schiff 1905 seine beste Reise. Ausgehend von der Elbe durch das schwierige Fahrwasser von Nordsee und Englischem Kanal nach Valparaiso nur 61 und heimkehrend von Taltal bis Isle of Wight 75 Tage. Ähnliche Leistungen kann das Vollschiff „Posen" unter Kapitän Petersen aufweisen, das bis 1902 „Preußen" hieß:

| | | |
|---|---|---|
| 1893: | Kanal—Iquique ............ | 68 Tage |
| 1895: | Iquique—Dover ............ | 71 „ |
| 1898: | Hamburg—Valparaiso........ | 69 „ |
| 1898: | Dover — „ ...... | 63 „ |
| 1900: | Iquique—Isle of Wight ...... | 68 „ |
| 1904: | Elbe—Valparaiso ........... | 68 „ |

Am 14. Oktober 1909 verbrannte das Schiff mitten auf dem Atlantik, seine Mannschaft wurde noch am gleichen Tage vom englischen Dampfer „Earl of Carrick" aufgenommen und nach Pernambuco gebracht.

1895 wurde die gewaltige „Potosi" fertiggestellt. Über 60 m hoch türmten sich ihre ungeheuren Segelpyramiden. Am 26. Juli lief sie aus der Elbe aus, um am 1. August an Ushant vorbei zum ersten Male in den freien Atlantik hinauszusegeln. In knapp drei Wochen war der Äquator erreicht, und am 6. Oktober fielen die Anker in Iquique. Nur 66 Tage hatte das große Schiff unter Kapitän Hilgendorfs Führung gebraucht! Innerhalb 20 Tagen war das Schiff gelöscht und mit 6000 Tonnen Salpeter beladen, auch das eine außerordentliche Leistung, die von der Energie der Schiffsleitung zeugt. Am Abend des 26. Oktober befand sich das Schiff schon wieder auf See und am 14. November wurde das Kap Horn passiert. Zwei Tage vorher war hier der englische Wollklipper „Cimba" auf seiner Heimreise von Australien vorbeigekommen, der einen Ruf seiner schnellen Reisen wegen genoß. Zuerst führten die Kurse beider Schiffe etwas auseinander. Am 27. November jedoch bekamen sich beide in Sicht. Sofort erwachte der englische Sportsgeist. Man konnte von der „Potosi" aus sehen, wie drüben die letzten Segel beigesetzt wurden, obgleich es stürmisch briste. Das Rennen hatte begonnen. Drei Tage blieben die Windhunde in Sicht voneinander, stundenlang standen ihre Offiziere an der Reeling, jedes Manöver des anderen argwöhnisch beobachtend. Doch es war klar, daß der deutsche Segler der flinkere war. Unaufhaltsam gewann er Boden und verschwand am 30. abends ganz aus Sicht. Am 17. Januar passierte die „Cimba" den Kanaleingang. Sie hatte von Kap Horn eine sehr gute Reise hinter sich, und man machte sich starke Hoffnungen, daß die „Potosi" noch nicht vorbei war. Beim Einlaufen in London erlebten die Briten jedoch eine gewaltige Enttäuschung. Dort erfuhren sie nämlich, daß die „Potosi" schon fast eine Woche in Hamburg gelegen habe, als die „Cimba" erst in den Kanal einlief. 15 Tage vor dem Rivalen, am 2. Januar, hatte die „Potosi" dem Lizard sein Unterscheidungssignal gezeigt. Von Kap Horn bis zum Kanal war der berühmte Wollklipper um mehr als 2 Wochen geschlagen. Allerdings hatte das deutsche Schiff den letzten Teil seiner Reise mit unglaublicher Schnelligkeit durchflogen. Für 11 Tage hintereinander war es mit einer Durchschnittsgeschwindigkeit von reichlich 11 Knoten, das sind 20 km in der Stunde, auf sein Ziel zugebraust, der Geschwindigkeit der besten Frachtdampfer dieser Zeit. Noch einmal, im Oktober 1902, sollte die „Cimba" auf der Ausreise von „Potosi" spielend überholt werden. Es folgt eine kurze Zusammenstellung der wunderbaren Reisen dieses Renners:

| Ausreise | | Heimreise | |
|---|---|---|---|
| 1896: Lizard—Caleta Buena .. | 65 Tage | Caleta Buena—Lizard .... | 78 Tage |
| 1896/97: Lizard—Valparaiso .. | 59 „ | Iquique—Lizard ......... | 79 „ |
| 1897: Isle of Wight — Iquique | 70 „ | Iquique—Dover ......... | 77 „ |
| 1897: Isle of Wight—Iquique . | 62 „ | Caleta Buena—Cuxhaven .. | 74 „ |
| 1898: Kanal—Iquique ....... | 62 „ | Iquique—Kanal ......... | 74 „ |
| 1898: Dover—Iquique ....... | 68 „ | Caleta Buena—Isle of Wight | 70 „ |

Dann kam im Jahre 1900 die Rekordreise nach Valparaiso, die nie übertroffen werden sollte und wohl auch nie mehr übertroffen werden wird. Am 15. März verließ das Schiff den Hafen von Hamburg und wurde elbabwärts geschleppt. Noch war Cuxhaven nicht passiert, als es schon den Schlepper loswarf und mit vollem Zeug in die grüne Nordsee hinausrauschte. Isle of Wight versank im Abenddunst des 21. März. Frühlingsanfang. Nach der unglaublichen Zeit von 55 Tagen ließ das Schiff am 15. Mai auf der Reede von Valparaiso die Anker fallen. Die Etmale, die der Segler nach dem Runden von Kap Horn auf dem Wege nach Norden durcheilte, sind einzig in der Geschichte der Segelschiffahrt. Die „Potosi" legte zurück:

| | | | |
|---|---|---|---|
| Von Mittag bis Mittag am | 9.—10. Mai | 278 Seemeilen | |
| | 10.—11. | 378 | |
| | 11.—12. | 322 | |
| | 12.—13. | 345 | |
| | 13.—14. | 283 | insgesamt 1606 Seem. |

Das Etmal vom 10. zum 11. Mai ist die größte je von einem Segler zurückgelegte Tagesleistung. 378 Seemeilen sind 700 Kilometer. Diese Strecke entspricht der Entfernung Wiesbaden—Kopenhagen, oder Danzig bis Wien. Mit der Stundengeschwindigkeit eines Güterzuges, von nichts als dem Wind getrieben, brauste dieses gewaltige Schiff dahin. Um sich eine Vorstellung von dieser Leistung zu machen, muß man die täglich durchlaufenen Strecken mit Landentfernungen vergleichen. Man denke sich das Schiff am Mittag des 9. in Tripolis an der Küste Afrikas. Am 10. mittags hätte es Palermo auf Sizilien erreicht, am 11. Florenz. Am 12. stünde es in Stuttgart, am 13. in Flensburg und am Mittag des nächsten Tages in Oslo, der norwegischen Hauptstadt. In 120 Stunden von Tripolis bis Oslo!

Noch viele hervorragende Reisen waren diesem Schiff beschieden.

Sechs Wochen nach Ausbruch des Weltkrieges traf die „Potosi" in Valparaiso ein, und dort war der gewaltige Sturmvogel zu jahrelangem Stilliegen verdammt. Später erwarb sie die chilenische Reederei Gonzales Sofia & Co. und benutzte sie zu Fahrten zwischen Häfen der Westküste Südamerikas.

Am 30. März 1925 war es, da lief die „Potosi" nach 10½ Jahren wieder zum ersten Mal in Hamburg ein. Doch hatte sie von Chile bis zum Kanal 110 Tage gebraucht, ein lahmer Vogel in der Hand fremder Leitung. Darauf lud sie in Cardiff 5800 Tonnen Kohle und Koks und ging am 13. Juli nach Mejillones bei Iquique in See. Ein argentinischer Dampfer traf das stolze Schiff im Südatlantik am 16. Sptember mit brennender Ladung. Es gelang, das Schiff zwei Tage später nach Commodore Rivadavia, einem kleinen Petroleumhafen in Süd-Argentinien, vor Anker zu bringen. Tag und Nacht arbeitete die Mannschaft an der Bekämpfung des Feuers. Da erfolgten am 1. Oktober zwei schwere Explosionen, der Großmast stürzte. Gezwungen von übergroßer Hitze, mußte die Besatzung von Bord. Am nächsten Tage trieb der Riese führerlos aus dem Hafen und wurde 25 Seemeilen weit draußen von einem argentinischen Kreuzer durch Granatfeuer versenkt.

In der englischen Zeitschrift "The Field" erschien vor einigen Jahren unter den Erinnerungen eines englischen Kapitäns der Bericht über ein Zusammentreffen mit dem berühmten Schiffe, der die neidlose Bewunderung des Fachmannes für den fliegenden P-Liner erkennen läßt. Der Verfasser war zu jener Zeit noch 2. Offizier auf einem nach Hamburg bestimmten englischen Dampfer. Als das Schiff in den Kanal einlief, passierte zur selben Zeit die „Potosi" heimkehrend Lizard und ließ die bunten Flaggen ihres Unterscheidungssignals wehen. Es stand frischer Südwest. Eine Regenbö schob sich zwischen beide Schiffe. Danach wurde es diesig, und der Engländer sah nichts weiter von dem großen Segler. Mit 10 Knoten Fahrt durchpflügte der Dampfer den Kanal und die Nordsee. Am zweiten Tage darauf nachmittags 2 Uhr kam er vor der Elbmündung an und nahm den Lotsen an Bord. An diesen wandte sich der englische Kapitän und meinte: "We sighted the 'Potosi' off the Lizard, captain!" Wir haben die „Potosi" querab vom Lizard gesehen. Seitdem hat günstiger Wind gestanden, sie wird wohl gegen Abend hier sein!" Die wetterbraunen Züge des deutschen Seemannes überflog darauf ein ziemlich ironisches Lächeln, als er entgegnete: "The 'Potosi'? She passed this morning already, captain!" / „Die ‚Potosi'? Die ist bereits heute morgen hier eingelaufen, Herr Kapitän!" /

Im Jahre 1902 wurde das größte Raaschiff ohne Hilfsmaschine auf der Werft der Tecklenborg A.-G. in Geestemünde fertiggestellt, das Fünfmastvollschiff „Preußen". Die an Deck 2,83 m im Umfang messenden Masten reckten sich zu einer Höhe von 68 m über Kiel. Die Gesamtlänge des zu stehendem und laufendem Gut verwandten Stahldrahts betrug über 24 km, die des Hanfgutes 17 km. Dazu kamen Reservetauwerk

Ein P-Liner vor Anker an der Westküste.
Das Bild verdeutlicht die ungeheure Breite der gewaltigen Takelage.

So sah es früher an der Salpeterküste aus.
„Bertha" „Penang", „Passat" „Pinnas" chilen. D. „America"
dahinter „Pommern" „Ophelia"
Deutsche Segler auf der Reede von Iquique.

Eine gewaltige See folgt dem Segler, der vor dem Wind auf der Heimreise die Horn rundet.

Spiel von Licht und Schatten.
Mit Backstagsbrise heimwärts.

und Trossen von 3050 m, so daß die Länge des für die Takelage verbrauchten Tauwerks 45 km betrug! Außerdem erforderte diese über 700 m Ketten und 1260 hölzerne und eiserne Blöcke. Unter all seinen 43 Segeln spannte das Schiff die größte je geführte Segelfläche, 5560 qm. Es konnte 8000 Tonnen laden, das sind 160000 Zentner! Unter der energischen Führung des Kapitäns Boy R. Petersen hat es der Hausflagge der berühmtesten Schnellsegler Weltruf verschafft.[1])

Die erste Reise nahm vom Kanal bis Iquique nur 65 Tage in Anspruch, die Heimreise 79. Es war die Generalprobe, auf welcher der Führer sich Gewißheit über das holte, was er seinem eisernen Renner zu bieten vermochte. Die folgende wurde die schnellste Reise, die je von einem Segler zurückgelegt worden ist. Am 5. März vom Kanal ausgelaufen, erreichte er den Hafen von Iquique am 1. Mai, nach der nie für möglich gehaltenen Zeit von 57 Tagen. Wenn die „Potosi" bis Valparaiso nur 55 Tage brauchte, so ist die Reise nach Iquique doch um reichlich 800 Seemeilen länger, so daß die zwei Tage noch immer die schnellere Reise ergaben.

Vom Kanal bis zum Äquator hatte die „Preußen" nur 13 Tage und 8 Stunden gebraucht, mehrere Tage weniger als der bisherige Rekord auf dieser Teilstrecke. Wenn das Glück dem großen Fünfmaster weiterhin hold geblieben wäre, hätte es sein Ziel in wenig über 50 Tagen erreicht. Aber er mußte sich seine Lorbeeren ehrlich erkämpfen. Schwere West- und Südweststürme warfen sich ihm auf dem Weg um Kap Horn entgegen, von 50° Südbreite im Atlantik bis wieder 50° Süd im Stillen Ozean brauchte er 11 Tage, während er dieselbe Strecke 1910 in 7 bezwingen sollte. Doch dem heulenden Gegenwind in die Zähne knüppelte Kapitän Petersen sein Schiff, unbarmherzig aus Schiff und Mannschaft das Letzte herausholend. Und sie zwangen's trotz Hagelsturm und brüllender Sturzseen. Auf einer Vormittagswache von 8 bis 12 loggte man 17 Knoten! 126 Kilometer hatte das von Brechern überrauschte Schiff in 4 Stunden durcheilt! Und der gloriosen Ausreise schloß sich würdig die Heimkehr mit 68 Tagen bis zum Kanal, knapp 74 bis Cuxhaven an.

Noch zweimal brauste die „Preußen" in 62 Tagen vom Kanal bis Iquique, und zweimal kehrte sie in derselben kurzen Zeit von Taltal und Tocopilla zum Kanal zurück. Dann wurde der Riesensegler im Frühjahr 1908 für eine Reise an die Standard Oil Company verchartert. Mit

[1]) siehe Abbildung auf S. 162.

voller Ladung Petroleum verließ er am 27. Mai New York. Schon 73 Tage später passierte er die Lombok-Straße zwischen den Inseln Lombok und Bali, und am 112. Tage rasselten seine Anker in den Hafen von Yokohama. Es war eine ausgezeichnete Leistung in Anbetracht des Umstandes, daß die Schiffsleitung mit den ostasiatischen Meeren nicht vertraut war. Im südlichen Atlantik und Indischen Ozean, in den „brüllenden Vierzig", da hatte das Schiff gezeigt, was in ihm steckte. Hier, wo die Tee- und Wollklipper voreinst ihre großen Etmale abgelaufen hatten, hier vollbrachte das schwerbeladene Riesenschiff Leistungen, die es als ebenbürtigen Rivalen in die Reihe der besten Klipper stellt. In den 11 Tagen vom 21. bis 31. Juli durchflog es vor den eisigen Winterböen dieser Breiten 3019 Seemeilen, 5591 Kilometer, noch 121 Kilometer mehr, als die „Potosi" in ihren berühmten 11 Tagen im Nordatlantik bezwang.

Von Yokohama versegelte die „Preußen" dann in 75 Tagen nach Taltal und kam mit voller Salpeterladung von Tocopilla in 69 Tagen zum Kanal. Am 5. April 1910 traf sie wieder in Hamburg ein. Es sollte das letzte Mal gewesen sein, denn auf der nächsten Ausreise ging dieser mächtigste und schnellste aller Großsegler durch Strandung dicht bei Dover verloren[1]).

Auch andere Schiffe der "flying P-Line" haben erwähnenswerte Reisen ausgeführt, wenn sie auch vom Ruhm der beiden „Cracks" der Reederei überstrahlt wurden. So hatte die 3054 Tonnen große „Pangani" unter Kapitän Schmidt auf ihrer ersten Reise 1903 von Dover bis Valparaiso 65, von Lizard nur knapp 61 Tage, gebraucht. Die Rückreise dauerte 75, und das ist immer noch sehr gut, verglichen mit denen anderer Schiffe. 1904 machte sie die beste Jahresreise mit 64 Tagen vom Kanal nach Valparaiso, und 1910 eine Heimreise von Mejillones in nur 62 Tagen! Andere Beispiele folgen:

| | | | | |
|---|---|---|---|---|
| „Pitlochry" 2088 To.: | 1901/02: | Kanal—Valparaiso | 63 | Tage |
| | 1902: | Hamburg—Taltal | 65 | „ |
| „Petschili": Kapitän Teschner | 1905: | Lizard—Talcahuano | 60 | Tage |
| | 1905: | Lizard—Valparaiso | 69 | |
| „Parchim": Vollschiff. | 1906: | Iquique—Lizard | 69 | |
| „Pamir": Viermastbark, 3020 Tonnen. | | | | |
| | 1905: | Kanal—Valparaiso | 70 | „ |

„Pindos": Viermastbark, 2484 Tonnen, machte die Reise vom Kanal bis San Pedro in Kalifornien in der sehr guten Zeit von 109 Tagen.

[1]) Siehe Seite 101/102.

Die ernsthaftesten Rivalen für die Laeisz-Segler in der Salpeterfahrt wurden die Schiffe der Reederei Antoine Dominique Bordes & Fils in Nantes. Schon von weitem kenntlich an ihren weiß gemalten Masten und Raaen sowie der auf die graue Schiffsseite gemalten Reihe von Stückpforten haben auch sie manch bemerkenswerte Reise gemacht. Doch sind im ganzen nur 6 Reisen unter 70 Tagen bekannt geworden:

| | | | |
|---|---|---|---|
| 1897: | Viermastbark „Loire" | Kanal—Iquique | 66 Tage |
| 1897: | „Dunquerque" | Kanal—Valparaiso | 69 |
| 1899: | | „ — „ | 69 |
| 1905: | „ | Port Talbot—Iquique | 67 |
| 1905: | „Atlantique" | Port Talbot—Iquique . | 67 |
| 1916: | „Caroline" | Nantes—Taltal | 69 |

Schon 1890 hatte Bordes ein Fünfmastvollschiff, die „France", gebaut. Wenn sie auch 1200 Tonnen kleiner war als später die „Preußen", so war sie mit ihren 3800 Brutto-Register-Tonnen und 110 m Länge für ihre Zeit ein gewaltig großer Segler. Hervorragende Segeleigenschaften scheint sie jedoch nicht gehabt zu haben, oder ihr fehlten die Seeleute, wie sie die Laeisz-Schiffe fuhren. Denn ihre besten Reisen waren:

| | | | |
|---|---|---|---|
| 1890: | von Barry Dock | nach Rio de Janeiro | in 32 Tagen |
| 1892: | Kanal | Valparaiso | 71 |
| 1893: | Kanal | | „ 73 |

Mitte März 1901 lief sie mit einer Ladung Kohle von England nach Chile aus und ging in einem Pampero vor der La Plata-Mündung verloren. Die Bark „Josepha" sichtete sie zuletzt verlassen und von den Wellen überspült.

Die Reederei Bordes hatte sich von 15 Schiffen mit 16800 Tonnen Tragfähigkeit im Jahre 1870 bis zu 46 großen Seglern mit einer Ladefähigkeit von 163000 Tonnen bei Kriegsausbruch vergrößert. Allerdings wurde den französischen Reedern der Wettbewerb durch staatliche Zuschüsse sehr erleichtert. Sie erhielten für 1000 gesegelte Meilen pro Brutto-Register-Tonne 1,70 Franc. Dabei mußte jede Reise äußerst günstige Resultate zeitigen, auch ohne daß sie schnell durchgeführt wurde oder die Schiffe sparsam und sachlich bewirtschaftet wurden. So erhielt die „Marguerite Molinos" für die Reise Cardiff—San Francisco 51875 Francs und für die Heimreise von San Francisco nach Havre 91875 Francs, darauf für die Reise von England nach Majunga auf Madagaskar 29600 Francs. Kein Wunder, daß dieses eine Schiff in diesem Jahre 244000 Francs netto verdiente! Der Viermaster „Jaqueline“ erhielt für die Rundreise Marseille—Australien—Chile—Frankreich die Kleinigkeit von 160000 Francs Staatszuschuß. In knapp fünf Jahren nahm die Reederei Bordes auf diese Weise 4,2 Millionen Francs ein. Es zeugt von der hohen Leistungsfähigkeit deutscher Schiffe und kluger Geschäftsführung ihrer Reeder, daß sie mit solchen Gegnern erfolgreich konkurrieren konnten.

Auf allen erwähnten Routen haben jedoch auch Schiffe anderer deutscher Reedereien rühmenswerte Reisen gemacht. Die Bark „Obotrita“ lief die Strecke Lizard—Sidney 1907 in 79 Tagen ab, 1908 die Bark „Anna“ in 75. In 74 Tagen kam 1902 die große Viermastbark „Lisbeth“ unter dem Kommando des Kapitäns und Reeders Bock an, und dieselbe Zeit erreichte 1907 das herrliche Lloydschulschiff „Herzogin Cecilie“ vom Kanal bis Adelaide. Für dieselbe Reise brauchte das Vollschiff „Marie“ im Jahre 1905 nur 71 Tage. Die 1800 Tonnen große „Melpomene“ ein Hamburger Vollschiff, hatte vom Kanal bis Melbourne 1909 unter Kapitän Preiß nur 67 Tage, eine Zeit, wie sie von den meisten Klippern nie erreicht worden ist. Andere erwähnenswerte Reisen mögen folgen:

| | | |
|---|---|---|
| 1905: | Viermastbark „Ekuador“ 2300 Tonnen New York—Hongkong . . | 106 Tage |
| 1902: | Vollschiff „Terpsichore“ 2025 Tonnen Lizard—Iquique | 73 |
| 1903: | „Gertrud“ 1720 Tonnen Tacoma—Falmouth | 104 |
| 1903: | „ „Adolf“ 1740 Tonnen Portland (Oreg)—Kanal | 107 |
| 1905: | Viermastbark „Hans“ 3100 Tonnen England—Pisagua | 73 |
| 1905: | Vollschiff „Marie Hackfeld“ 1790 Tonnen Kanal—Honolulu. . . . | 113 |
| 1907: | „ „Marie Hackfeld“ 1790 Tonnen Kanal—Honolulu. . . . | 106 |
| 1905: | Bark „Charlotte“ 1300 Tonnen Kanal—Melbourne. . . | 71 |
| 1908: | Viermastbark „Frieda“ 2120 Tonnen Kanal—Honolulu | 114 |
| 1908: | Viermastschulschiff „Herzogin Cecilie“ 3242 Tonnen Kanal—Columbia-River | 103 |

Und auf manch anderer Strecke haben deutsche Segler sogar Rekorde aufgestellt, die lange und manchmal nie geschlagen werden konnten. So kam die „Rhein“ in 24 Tagen von Trinidad nach Gravesend (Themse), die große Viermastbark „Seefahrer“ von Callao nach San Francisco in nur 15 Tagen, und die Bark „Fürst Bismarck“ gelangte 1901 in der unübertroffenen Zeit von 86 Tagen vom Kanal nach Bassein in Burma.

Doch von Jahr zu Jahr brachte die Segelschiffahrt weniger ein, Reeder und Kaufleute bevorzugten die Dampfer, die eine genauere Vorausberechnung des Eintreffens ermöglichten. Gegen die Salpeterfahrt fiel

3000 To. Salpeter im Bauch —
verläßt die „Peking“ die Reede von Tocopilla.

So liegen die Hamburger Großsegler sicher vertäut im Hafen von San Antonio südlich von Valparaiso.

15000 Meilen vor sich!

Die Hamburger Viermastbark „Padua“ verläßt die Elbmündung auf der Reise nach Australien.

1912 ein entscheidender Schlag. Auf dem in Baden-Baden tagenden Internationalen Transport-Versicherungstag wurde die Versicherungsprämie für mit Seglern verschifften Salpeter um 30 Prozent heraufgesetzt. Das konnten nur die französischen Schiffe mit ihren hohen Staatszuschüssen aushalten. Die weißbeschwingten Großsegler wurden immer seltener auf den Meeren, bis der Krieg sie bis auf zwei, drei Dutzend völlig ausrotten sollte.

Mit einigen vom Feindbund zurückgekauften und mehreren neuerbauten Schiffen nahm die Reederei Laeisz den Wettkampf nach dem Kriege wieder auf, um unserem Offiziersnachwuchs die notwendige Ausbildungsmöglichkeit zu erhalten. Unsere jungen Leute haben auf diesen Schiffen gezeigt, daß der alte Geist auch in ihnen lebendig ist, die bewährten Führer auch mit den Seeleuten unserer Jahre Hervorragendes zu vollbringen vermögen. Einige gute Reisen sind im folgenden zusammengestellt:

| | | |
|---|---|---|
| Viermastbark „Peking" | 1925: Kanal—Talcahuano ......... | 74 Tage |
| | 1926: „ — „ ......... | 79 „ |
| | 1928: „ — „ ......... | 77 „ . |

Ganz glänzend verlief folgende Reise:

ab Ushant (Kanal) 27. XII. 1931<br>
an Valparaiso 24. II. 1932 = 59 Tage<br>
ab Taltal 12. III. 1932<br>
an Santander 22. V. 1932 = 71 „ .

| | | |
|---|---|---|
| Viermastbark „Passat" | 1927: Scilly—Corral .............. | 67 „ |
| | 1927: Caleta Buena—Kanal ....... | 75 „ |
| | 1927/28: Kanal—Corral ........... | 73 „ |
| | 1930: Lizard—Talcahuano ......... | 72 „ . |

Viermastbark „Padua"
5. IV. 1928 ab Hamburg<br>
10. IV. 1928 ab Scilly<br>
20. VI. 1928 an Talcahuano = 71 Tage<br>
1. VIII. 1928 ab Mejillones<br>
10. X. 1928 Lizard passiert = 70 „ .

| | |
|---|---|
| 1928/29: Lizard—Talcahuano ....... | 74 Tage |
| Kanal—Corral ............ | 68 „ |
| Tocopilla—Brügge ........ | 73 „ . |
| 1930/31: Lizard—Talcahuano ...... | 72 Tage |
| 1930/31: „ — „ ...... | 62 „ . |

Heutzutage gibt es abgesehen von der Erntezeit in den La Plata-Häfen fast nirgends mehr in der Welt lohnende Frachten für große

Segler außer der Fahrt nach Australien. Die Ausreise muß zumeist in Ballast ausgeführt werden, falls es nicht gelingt, eine Holzladung nach Südafrika zu sichern. So sammeln sich in neuerer Zeit nun, sobald die Weizenernte geborgen ist, in den Häfen Australiens die letzten Vertreter der einst so stolzen Repräsentanten wirklicher Meeresromantik. Meist unter der weißen blaugekreuzten Flagge Finnlands, einige unter deutscher und schwedischer Flagge treten sie mit Weizen beladen die Reise nach dem „Kanal für Order" an. Klopfenden Herzens erwartet jeder alte Segelschiffsmann die Meldungen der eingetroffenen Schiffe. Mit Genugtuung konnten die deutschen Seeleute im Jahre 1933 als Sieger von 21 Schiffen die „Magdalene Vinnen" begrüßen, die für die Heimreise nur 76 Tage gebraucht hat. Zweiter mit 83 Tagen wurde die finnische Viermastbark „Parma", doch wehte auch von ihrer Gaffel bis vor wenigen Jahren noch die schwarz-weißrote Flagge.

Weit in den Schatten gestellt wurden diese Leistungen in neuester Zeit durch die beiden letzten Schiffe der ruhmreichen Laeisz-Flotte. Nach langer erzwungener Ruhezeit im Hamburger Hafen verließen die Viermastbarken „Padua" und „Priwall" am selben Tage ihren heimischen Liegeplatz mit dem Ziel Australien. Am 2. November schwangen sich die beiden großen Meervögel aus ihrem Nest, der Elbemündung, um am 4. November wenige Stunden voneinander entfernt aus der Enge des Ärmelkanals in die unendliche Weite hinauszuschweben, die ihre eigentliche Heimat ist. Das Rennen begann. Beide waren leicht beladen, hatten also endlich einmal dieselben günstigen Vorbedingungen für sich, wie sie ehemals die Tee- und Wollklipper auf ihren schnellen Wunderreisen immer hatten. Und nun zeigten die deutschen Jungens auch, daß sie auf ihren viel schwereren Schiffen mit weit geringerer Besatzungsstärke mindestens dasselbe leisten, wie die vielgerühmten und besungenen "hard-case sailormen" der Klipperzeiten! Mindestens dasselbe! Mit einem kleinen Vorsprung lief die „Priwall" aus dem Kanal aus, doch hat das auf einer Rennstrecke von mehr als dem halben Erdumfang natürlich nichts zu bedeuten. Noch im Nordatlantik zeigten die beiden P-Liner ihre Klasse. Vom Mittag des 13. bis Mittag des 14. November lief die „Priwall" 293 Seemeilen. Mehr als 12 Meilen stündlich zog sie von dem frischen NO-Passat dahin, der Geschwindigkeit eines guten Frachtdampfers. Und zwei Tage darauf erreichte die „Padua" fast dasselbe. In knapp drei Wochen vom Kanal hatten sie am selben

Tage die Linie überschritten. Das Windsystem des südlichen Atlantik klug nützend, gelangten sie in weiteren zwei Wochen in die Breiten, in denen früher die Klipperschiffe ihre erstaunlichen Reisen gemacht hatten. Die beiden schweren Arbeitsgäule, die unsere modernen Großsegler nun mal sind, zeigten jetzt, daß sie den schlanken Rennern des vergangenen Jahrhunderts ebenbürtig sind. Seite an Seite fast schnoben sie nach Osten davon, die ragenden Segelpyramiden brettsteif geschwellt vom Braven West der „Brüllenden Vierzig". Vom 14. Dezember bis zu Sylvester 33, das sind 17 Tage lang, hielten sie beide eine Durchschnittsfahrt von fast 12 Knoten, um ganz exakt und nüchtern zu bleiben 11,9 Seemeilen in der Stunde. 529 km am Tage sind für einen dieser klotzigen Segler wahrhaftig eine Leistung, die jeden Fachmann begeistern muß. Das erfordert eine Schiffsleitung, die auch die geheimsten Kunstgriffe in der Führung einer großen Takelage meistert, eine Mannschaft, die besonnen und blitzschnell jeden Befehl ausführt. Das bedeutet stundenlanges Klarstehen bei den Fallen, bedeutet Reißen an Stritschern und Schoten, daß die Gelenke knacken, bedeutet nasses Zeug und nasse Koje, heißt Freiwache an Deck, wenn im allerletzten Moment vor der einfallenden Bö die Bramsegel geborgen werden müssen, erfordert eiserne Arme und stählerne Sehnen und unverwüstlichen Humor und Begeisterung zum Beruf. Denn siebzehn Tage hintereinander so eine Affenfahrt laufen, das setzt voraus, daß keine Minute früher Segel weggenommen werden, als unbedingt nötig. Und sie knüppelten ihre Renner nach Osten hin, die Kapitäne Klauß und Jürß, wie nur je einer der verrufenen Yankee-Skipper der Teefahrer. Und ihre „hölzernen" Matrosen standen auf schwankenden Decks und arbeiteten wenigstens ebenso tüchtig, wie die „Eisernen" der Klippertage. Denn wo damals vier standen, da sind es heute höchstens zwei! Und zwei Arme mehr bedeuten gar viel beim Bändigen eines schlagenden Bramsegels! Am 5. Januar standen beide Schiffe vor der Einfahrt zum Spencer-Golf, „Padua" etwa 60 bis 70 Seemeilen hinter „Priwall". Da wurde das Wetter unsichtig. „Padua" drehte bei, doch die „Priwall" hielt durch und lief deshalb einen Tag vor ihrer Rivalin in den Bestimmungshafen ein. 62 Tage vom Kanal — ein neuer Rekord auf der Australienfahrt war aufgestellt. Und deutsch das Schiff und deutsch bis zum letzten Jungen die Besatzung, die es fuhr!

Leider hat die Schiffahrtskrise dieser letzten Jahre den hoffnungsvoll begonnenen Wiederaufbau unserer stolzen Seglerflotte gehemmt. Die meisten deutschen Großsegler sind verkauft, die „Peking“ als Schulschiff nach England (jetzt: „Arethusa“), die meisten anderen an den finnischen Reeder Kapitän Erikson in Mariahamn, der zur Zeit die größte Seglerflotte in seinem Besitz hat. Ob noch einmal eine Flotte von Großseglern unter Schwarzweißrot die Weltmeere durchpflügen wird, soll die Zukunft lehren. Jeder muß es hoffen, der den unersetzlichen Wert der Schulung heranwachsender Seeleute auf Tiefwasserseglern für die berufliche Ertüchtigung, die Entwicklung moralischer Zuverlässigkeit, von Pflichtgefühl, Entschlußkraft und Verantwortungsfreudigkeit kennt.

## Mühsal und Leiden langer Segler-Reisen.

Seemann sein, das heißt, das Beste hoffen und dabei stets aufs Schlimmste gefaßt sein! Auch der befahrene Dampfermann sagt: wer zu früh rechnet, muß doppelt rechnen. Mit zehnfachem Gewicht gilt dieses Wort für den Segelschiffsmann! Es ist noch nie ein Segler aus dem Hafen gegangen, dessen Besatzung nicht auf eine gute oder wenigstens leidlich schnelle Reise hoffte. Auch wenn der Kahn beim Auslaufen Backbord-Schlagseite hat, was doch, wie jeder „Moses“ weiß, auf eine lange Reise deutet. Selbst dann hofft man aufs Gegenteil. Das alte Trostsprüchlein "More days — more Dollars", das wird immer erst ausgekramt, wenn man sieht, daß es wieder mal Essig ist mit der erwarteten Rekordreise. Die Philosophie des Fuchses, dem die Trauben zu hoch hängen!

Unberechenbar launisch verteilt oft Vater Neptun die Lose seiner Kinder. Das beste und schnellste Schiff hat schon mal eine höchst mittelmäßige Reise mit in den Kauf nehmen müssen. Aber wenn ein Schiff direkt vom Pech verfolgt wird, dann ist's rein nicht zum Aushalten mit solcher Arche! Nehmt die Viermastbark „Niobe“ zum Beispiel. War in der Jugend ein Liverpooler Schiff, „Dempson Hill“, und hielt von Yokohama nach San Francisco die Rekordreise mit 29 Tagen. Noch vor dem Kriege machte sie eine famose Reise von St. Vinzent nach Yokohama in 93 Tagen. Die lange erzwungene Ruhezeit während des Krieges in Coquimbo muß das Schiff wohl bequem gemacht haben. Vorsorglich hatte ihm ein Taucher die fußlangen Muschelkolonien vom

I

Zu Schmidt: Schiffe und Schicksale

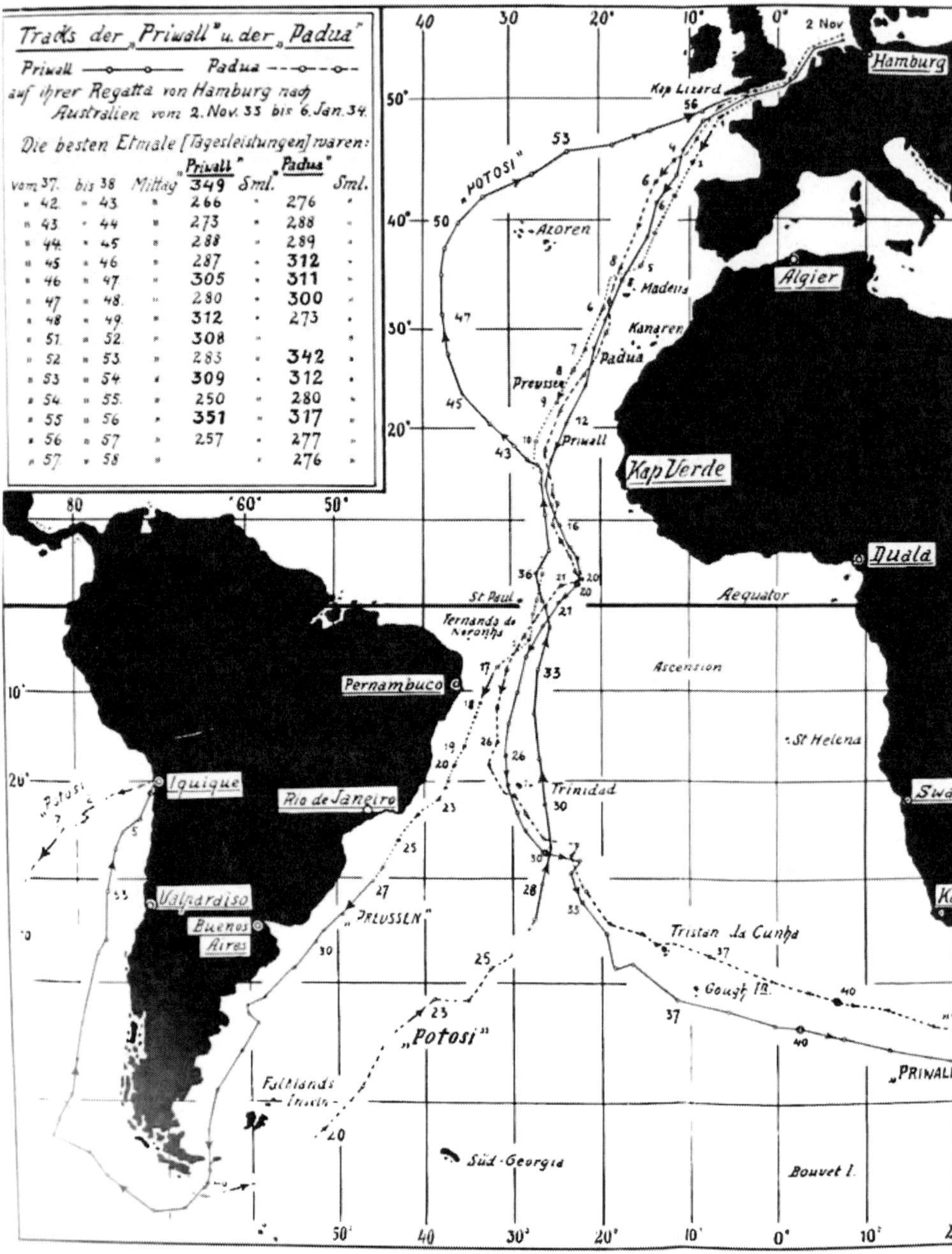

# Die Reisewege der grossen Segler.

Die Kl. Kreise geben die Mittagspositionen, die Zahlen die Anzahl der Reisetage seit Abgang an.

Es ist die 2. Ausreise der „Preussen" erst punktiert, an der südamerik. Küste ausgezogen eingetragen, die 13. Heimreise der „Potosi" ist anfangs gestrichelt, vom Südatlantik bis zum Kanaleingang ausgezogen dargestellt.

Der Unterschied in der Lage der Reisewege wird bedingt durch die Richtung der Passate u. Westwinde.

Um zu zeigen, wie das Reiseglück selbst auf der besten Seglerreise unbeständig schwankt, folgen sämtliche

**Etmale der „Preussen"-Reise:** 286, 228, 231, 216, 266, 253, 163, 220, 265, 314, 309, 264, 189, 87, 160, 270, 268, 226, 214, 105, 30, 72, 139, 213, 203, 104, 273, 123, 73, 177, 165, 91, 36, 72, 167, 259, 212, 30, 87, 37, 117, 119, 229, 126, 126, 89, 152, 217, 115, 370, 140, 307, 235, 129, 111, 203.

Abgang Engl. Kanal: 5. März 1903
Ankunft Iquique: 1. Mai 1903

Von 56 Reisetagen waren 26 mit einem Etmal von mehr als 200 Seemeilen, also mehr als 370,4 Klm!

**Etmale der „Potosi"-Reise:** 202, 162, 57, 12, 19, 25, 146, 286, 211, 130, 236, 241, 218, 307, 281, 253, 161, 222, 204, 104, 243, 254, 259, 184, 173, 142, 216, 206, 218, 260, 294, 325, 278, 265, 237, 199, 182, 216, 217, 71, 41, 65, 103, 188, 279, 250, 198, 237, 141, 168, 180, 282, 164, 215, 182, 241.

Abgang Iquique: 4. Juli 1903
Ankunft Engl. Kanal: 31. Aug. 1903

Von 58 Tagen Reise lagen 7 unter 100, 31 über 200 Seemeilen. Im ganzen legte das Schiff auf dieser Reise 10 949 Seeml. mit der Durchschnitts-Geschwindigkeit von 7,87 Knoten, d.s. 14,6 Km zurück.

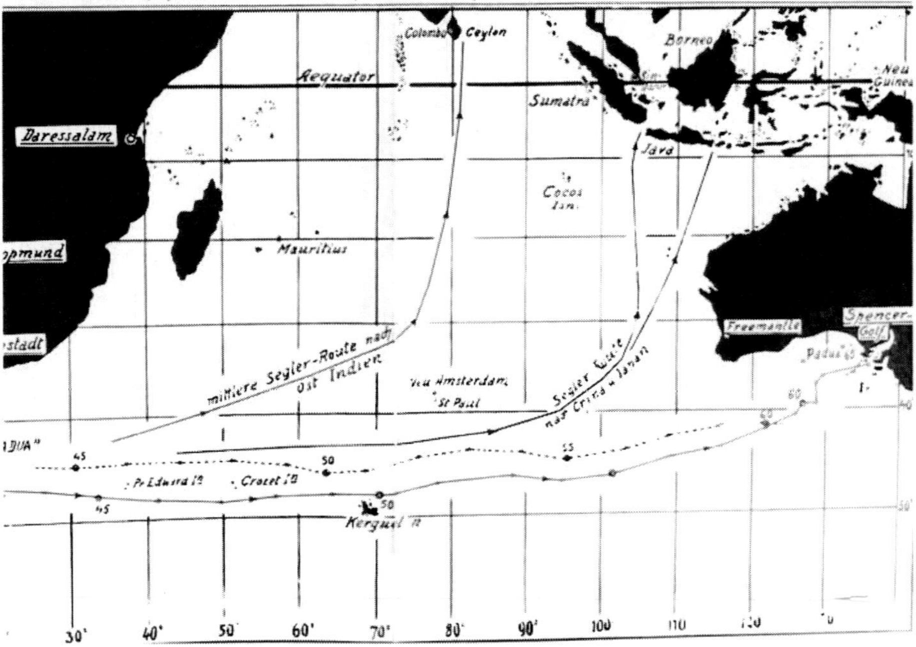

Bauch heruntergekratzt. Die Takelage wurde zur Hälfte ausgebessert, zur anderen erneuert. Doch sollte das alles nichts helfen. Für die Heimfahrt nahm sie sich mächtig viel Zeit. Bis zu den Azoren, wo sie sich ihre Löschorder abholen mußte, erstmal 180 Tage, dann bis zum altehrwürdigen Brügge nochmal 30 Tage! Später kaufte sie eine neue deutsche Gesellschaft von der Entente, an die sie hatte abgeliefert werden müssen, zurück und schickte sie auf eine Reise nach San Francisco. 192 Tage brauchte sie bis zum sonnigen Kalifornien und fast ebensoviel, um wieder nach Hause zu finden. Dann wollte man ihre Pechsträhne abschneiden, und taufte sie auf den schneidigen Namen „Harald". Mit funkelnagelneuer Takelung lief sie stolz aus für die Reise nach Weihaiwei. Monat um Monat ging ins Land, von der „Harald" kam keine Meldung. Schließlich wurde sie allgemein aufgegeben und für verschollen gehalten. Schon hatte der Hafenklatsch die „Harald" aus seinem Gedächtnis gestrichen, da tauchte das Schiff vor seinem Bestimmungshafen auf. 235 Tage hatte die ganze Reise gedauert. Es war schon Gras darüber gewachsen, buchstäblich. Von dem fast 80-tägigen Herumschwabbeln in der bouillonwarmen Sundasee waren seine Seiten mit einem ansehnlichen grünen Teppich bewachsen, der einer Kuh ausreichende Weide hätte bieten können. Sie lief nicht schlecht. Aber wo andere Schiffe frischen Passat hatten, da schaukelte sie mit klatschenden Segeln und quiekenden Blöcken wochenlang in einer Flaute. Pech!

Im Gegensatz zu den fliegenden Paketschiffen, die regelmäßig den Atlantik in weniger als 20 Tagen überquerten, hat die Nordamerikaroute auch schier endlose Reisen erlebt. So brauchte die Bark „Düppel" von Liverpool nach Philadelphia 111 und der englische Vollrigger „Broomhall" für die Überfahrt Hamburg — New York volle 113 Tage! Man stelle sich vor, 16 Wochen für dieselbe Reise, die von unseren Passagierschiffen in 5 Tagen bewältigt wird!

In den Jahren vor dem Kriege fuhr von Neapel eine hübsche, kleine Brigg, die „Anita". Sie machte Reisen, die als „Rekorde mit negativem Vorzeichen" bezeichnet werden können! An einem Maitage ging sie von Martinique nach Nantes in See. Bereits seit Wochen verloren geglaubt, tauchte sie nach 167 Tagen in Teneriffa auf. Nachdem sie frischen Proviant und Wasser eingenommen hatte, ging sie von neuem in See. Nach reichlich zwei Monaten war sie wieder zurück — Proviant und Wasser waren alle. Nun aber schickte man vorsichtshalber die Ladung mit dem französischen Dampfer „Conseil" an ihren Bestimmungsplatz. Diese „Anita" entfaltete ihre Talente richtig erst auf der La Plata-Fahrt. Von Rosario nach Falmouth brauchte sie einst 193 Tage, von Buenos Aires nach Plymouth 166. Doch ihre „Spitzenleistung" war eine Reise von Paysandu in Uruguay nach Baltimore in 234 und im folgenden Jahre von demselben Hafen nach Southampton in 236 Tagen, das sind knapp 8 Monate! Andere Schiffe segelten in dieser Zeit nach Australien und wieder zurück. Als Durchschnittsfahrt für diesen beispiellosen Rekord kommt die stattliche Strecke von 51 km pro Tag, stündlich 2 km, heraus!

Furchtbare Tragödien haben sich auf solch überlangen Reisen abgespielt. So ging 1855 das Vollschiff „Zeeland" von Amoy nach dem peruanischen Hafen Callao in See. Für die Silberminen hatte es 600 chinesische Kulis als Passagiere an Bord. Für die 10500 Seemeilen lange Strecke rechnete man etwa 120 Tage und nahm dementsprechend Proviant und Wasser mit. Windstillen und Stürme verlängerten die Reise auf 252 Tage. Was sich auf dem Unglücksschiff zugetragen, ist unvorstellbar. Über 200 Chinesen erlagen ihren Leiden, 45 machten der Qual freiwillig ein Ende und sprangen über Bord zwischen die Haie.

Die südlichste Festlandsecke der Erde, Kap Horn, genießt ihren üblen Ruf nicht grundlos. Als Umseglung dieses Kaps rechnet die Zeit, die ein Schiff vom Überschreiten des 50. Breitenparallels im Atlantik bis zu derselben Breite auf der Pazifikseite des Kaps braucht.

Hier hat sich manch schneller Segler samt seiner tüchtigen Besatzung von den wütenden Weststürmen geschlagen geben müssen. Die starke „Pindos" von Laeisz hat im Frühjahr 1909 3 Wochen für die Umseglung gebraucht, die im September von der „Pommern" in 8 und im folgenden Jahre von der „Preußen" in knapp 7 Tagen bewältigt wurde, und ihr Schwesterschiff „Parnassos" mußte einen Monat später sogar 26 Tage für diese unangenehme Strecke opfern. Doch was ist das gegen die furchtbare Mühsal, welche die Horn anderen Seglern bescherte! Der Herbst desselben Jahres sah die große Viermastbark „Leni" 32 Tage, das Vollschiff „Klio" 36 und die Bark „Frieda Mahn" 39 Tage um das Kap kämpfen. 43 Tage brauchte das Hamburger Vollschiff „Carl" und fast zu gleicher Zeit die „Arethusa" 45! Und volle 52 Tage wurde dort unten das Vollschiff „D. H. Wätjen" im Juli und August 1908 von heulenden Stürmen gezaust.

Aber das Stiefkind der Horn ist doch das 1975 Tonnen große Vollschiff „Susanne" geblieben! Mit sagenhafter Zähigkeit erkämpfte sich seine Besatzung 1909 die Umseglung, die vom 30. Juni bis zum 22. August dauern sollte. 52 Tage fast ununterbrochen schlechtes Wetter — nur wer selber einmal 10 Tage hintereinander in seinen Seestiefeln auf überbrandetem Deck gestanden, der weiß solche Leistung gebührend zu würdigen. Wahrhaften Heldenmut im besten Sinne des Wortes aber bewies das kleine Häuflein Männer seiner Besatzung unter Führung seines Kapitäns C. Jürgens in jenem unvergessenen furchtbaren Süd-Winter 1905. Mit beispielloser Wut jagte in jenem Jahre ein Orkan den anderen. Mit zerraufter Takelage und verwüsteten Decks taumelten die großen Segler vor unbarmherzigen Hagelböen dahin. An ächzenden Pumpen arbeiteten totmatte Männer, halberstarrt in den eisigen Schauern, halb blind vom beizenden Salzgischt, halbtaub vom ewigen

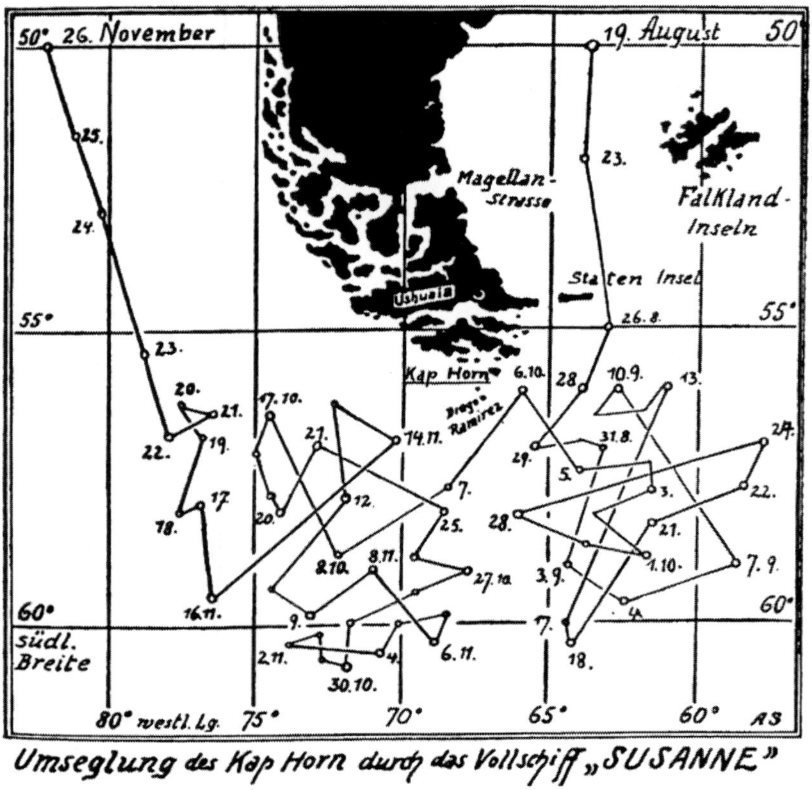


*Umseglung des Kap Horn durch das Vollschiff „SUSANNE"*

Heulen der Windsbraut, dem endlosen Donnern der Brecher. Und in ihren seit Wochen von eiskaltem Wasser überfluteten Kojen fieberten die, denen der höllische Grimm tosender Brechseen die Körper zerschlagen oder stürzende Raaen die Glieder zermalmt hatten. Einer nach dem anderen mußten sie ablassen von der Umseglung des verhexten Kaps, kamen mit den letzten vom johlenden West noch nicht zu Bändern zerpeitschten Segeln, mit den letzten noch halbwegs arbeitsfähigen Leuten nach Port Stanley auf den Falklandinseln oder Montevideo als Nothafen zurück. Mehr als 30 große Segler! Darunter auch das große Lloydschulschiff „Herzogin Sophie Charlotte“, das seine schweren Schäden in Montevideo ausbessern mußte, ehe es die Weiterreise nach Honolulu anzutreten vermochte.

Ungebrochenen Mutes arbeitete durch dieses Chaos von Sturm und See die „Susanne“ ihren Weg. Am 12. Juni war sie mit gutem Wind aus dem Kanal in den Atlantik hinausgesegelt. Auch ihre Besatzung hoffte auf eine gute Reise nach Caleta Buena, und sollte doch erst nach 188 Tagen dort ankommen; eine Woche vor Weihnachten, das der größte Optimist schon wieder daheim hatte feiern wollen. In 35 Tagen hatten sie die Linie erreicht, nach nochmals 32 den 50. Breitenparallel auf „dieser“ Seite. Das Wetter verschlechterte sich zusehends. Und am dritten Tage bereits fiel die erste Orkanbö über das Schiff her. Von diesen 99 Tagen wehte es fast 80 mit stürmischer Brise und mehr. Das Tagebuch der „Susanne“ weist für 664 Stunden Windstärke 10, „schweren Sturm“, und darüber auf. Und für 145 Stunden hieb das Unwetter mit voller Orkanstärke auf das gejagte Schiff ein. Das Kärtchen gibt die Umseglung nur in den Hauptzügen wieder. Der wirkliche Weg würde ein unentwirrbares Labyrinth darstellen mit seinem fortwährenden Hin und Her und den andauernden Rückschlägen. Die Männer, die in solchen 3½ Monaten den festen Willen zur Erreichung ihres Zieles nicht verlieren, die sind gewiß aus einer guten Sorte Holz geschnitzt und brauchen sich ihres Materials nicht zu schämen!

Im Juli 1908 lag die große Hamburger Viermastbark „Henriette“ an Kap Horn. Eine Woche schwerster Stürme hatte sie bis auf 63° hinuntergejagt. Furchtbare Böen zerfetzten Segel um Segel. Der greise Kapitän Rasch erlag den Strapazen dieser Tage; gierig schlang die kochende See den stillen Mann. Bis auf 59° Süd und 70° West hatten sie sich hingeknüppelt, da mußten sie notgedrungen den Kampf aufgeben

Das ist die See an Kap Horn bei schwerem Südwest —

— und so sieht der Seemann das Ende der Welt bei handigem Wetter.

Es brist auf — die großen Lappen werden geborgen.
Wie ein Mann bewegen sie sich bei ihrer schweren Arbeit. Denn jede unbedachte Wendung kann für den Kameraden an der Seite Absturz und Tod bedeuten.
Aufnahme von A. J. Villiers.

— nur noch wenige Segel hielten Stand. Die festesten hatte der Sturm zerfetzt. Am 90. Tage nach der Ausreise vom Kanal mußten sie das Schiff umdrehen und die Falklands Inseln als Nothafen anlaufen.

Außer den Stürmen und ihrer furchtbaren, gewaltigen See, den Eisbergen und den in ihrem Gefolge schleichenden Nebeln am Kap Horn bietet die Reise nach Chile noch eine besondere Schwierigkeit dicht vor dem Ziel. Die chilenische Küste entlang nach Norden setzt eine machtvolle Strömung, der Humboldt-Strom und weiter im Norden Peru-Strom genannt, der nahe unter Land besondere Kraft hat. In seinem Bereich steht meist jedoch nur flaue Brise, sehr häufig herrscht Windstille. Kommt nun ein Segler von Süden mit der Absicht, in einen chilenischen Hafen einzulaufen, so darf er beileibe nicht die Ansteuerung verfehlen. Unweigerlich ginge es ihm ähnlich wie dem englischen Segler „Lindisfarne". Der kam 1903 von Australien herüber und wollte Antofagasta ansteuern, geriet aber einige Seemeilen zu weit nördlich. Es war flau, die Strömung packte das Schiff und entführte es unaufhaltsam vom Hafen nach Norden. Auf 1300 Meilen weitem Umweg mußte das Schiff sich mühsam erst westlich, dann südlich und wieder an die Küste heran manövrieren. Gerade einen Monat nach seinem ersten Eintreffen vor der Stadt bekam er Antofagasta wieder in Sicht. Noch ärger ergings der Viermastbark „Hougomont", die 1908 von Coquimbo im Süden nach Tocopilla zum Salpeterladen versegeln wollte. Als sie trotz allen Kreuzens 400 Seemeilen zu weit nördlich getrieben war, gab der Kapitän die Geschichte als hoffnungslos auf und segelte nach Australien, um dort eine Ladung für das Schiff zu suchen. Und ganz toll erging's im folgenden Jahre dem englischen Viermaster „Buteshire", der von Panama nach Caleta Coloso versegeln sollte. 12 Wochen versuchte er an der Küste entlang nach Süden zu gelangen — vergebens. Proviant und Wassermangel zwangen ihn zur Umkehr, und am 91. Tage nach dem Auslaufen traf er wieder auf der Reede von Panama ein. Sein Ladungsvertrag war erloschen, und er erhielt den Auftrag, in Portland (Oregon) zu laden. Doch das Pech blieb dem Schiffe treu. Nach 123 Tagen mußte er abermals wegen Proviantmangel das 1410 Seemeilen nördlich Panama gelegene Acapulco anlaufen. Pro Tag hatte das Schiff also $11^1/_2$ Seemeilen, knapp 21 km zurückgelegt! Auch der zweite Ladevertrag war hinfällig geworden, das Schiff mußte in Ballast nach Australien versegeln, um dort eine Heimladung für Europa zu finden.

Ähnliches Pech verfolgte den einen Teilnehmer einer Wettfahrt im Jahre 1895. Am 9. Mai hatte das Vollschiff „Trafalgar" Hamburg mit der Bestimmung nach Sidney verlassen. Von Swansea in England war am gleichen Tage die „Fairport" nach San Francisco in See gegangen. Beide Schiffe trafen sich im Atlantik in ungefähr 5° Breite und blieben fast 2 Tage in Sicht voneinander, ehe eine Regenbö sie trennte. Der „Fairport" war keine hervorragende Reise beschieden. Erst nach 176 Tagen rollte sie bedächtig durchs Goldene Tor in die Bucht von San Francisco. Und da lag auch schon ihr alter Bekannter vom Äquator, die „Trafalgar". Sie war vor den „braven Westen" mit nur 88 Tagen nach Sidney gebraust, hatte in 27 Tagen gelöscht und eine neue Ladung eingenommen, mit der sie nun nach einer guten Reise von 52 Tagen in San Francisco noch 9 Tage vor „Fairport" angekommen war. Rund 20000 Seemeilen hatte sie hinter sich, während die „Fairport" sich gerade über 1400 Seemeilen hinweggequält hatte.

Über der Besatzung jedes Seglers, der in früheren Jahren lange unterwegs blieb, schwebte das drohende Gespenst der Beriberi. Es ist dies eine typische Segelschiffskrankheit, die von allzu langem alleinigen Genuß vitaminarmer Nahrung herrührt. Am 3. April 1898 war die 1300 Tonnen große Hamburger Bark „Olga" mit einer Ladung Zucker von Samarang nach den Vereinigten Staaten in See gegangen. Am 66. Tage der Reise mußten der 2. Offizier und ein Leichtmatrose sich zur Koje legen. Sie fühlten sich sterbensmatt, und ihre Beine waren stark angeschwollen. Am nächsten und übernächsten Tage packte es den Segelmacher und den Kapitän selbst. Sein Pflichtgefühl dem Reeder gegenüber glaubte es jedoch nicht verantworten zu können, die Reise zu unterbrechen und einen Nothafen anzulaufen. Das Übel griff weiter. Am 26. Juni starb der 2. Offizier, am Morgen des 6. Juli ein Matrose und nachmittags der Kapitän. Während er noch mit dem Tode rang, kam eine Bark in Sicht. Sofort bat der 1. Offizier den Fremden durch Flaggensignale um Frischproviant und Medikamente. Näher kam das Schiff, bunte Flaggen gaben traurige Antwort. Es war die norwegische Bark „Peter Ugland", deren Besatzung ebenfalls an Beriberi daniederlag. Von den wenigen ihr verbliebenen Heilmitteln gab sie der „Olga" bereitwillig ab. Weiter ging die Reise. Die ganze Mannschaft hatte die Krankheit gepackt, nur mit Aufbietung letzter Kraft konnten die notwendigsten Handgriffe zur Bedienung der Takelage geleistet werden.

Bis zum 24. Juli starben noch zwei Matrosen, der Segelmacher und schließlich der 1. Offizier. Das Schiff trieb jetzt ohne navigatorische Führung dahin. Ein günstiges Geschick ließ drei Tage darauf den französischen Dampfer „Sibun" das Notsignal der „Olga" sichten. Er ließ den todkranken Leuten jede mögliche Pflege angedeihen und schleppte das Schiff nach den Azoren. Beriberikranke erholen sich wunderbar schnell, sowie sie frisches Gemüse und Obst erhalten. Bis von Hamburg neue Offiziere und Ersatzleute angelangt waren, hatten die Überlebenden der alten Besatzung ihre Kräfte wieder und brachten nun das Schiff glücklich nach Philadelphia, seinem Bestimmungshafen.

Der englische Viehtransportdampfer „Crown Point" traf am 14. Mai 1901 200 Seemeilen von der irischen Küste die deutsche Bark „Planet". Von ihrem Mast flatterte das Notsignal. Am 27. November war das Schiff von Mazatlan ausgelaufen. Stürme und Windstillen hielten es zurück, bis der Skorbut einen nach dem anderen seiner Besatzung kraftlos hinstreckte. Als einer der ersten starb der Kapitän. Unter des Ersten Kommando wurde darauf der Versuch gemacht, Punta Delgada auf den Azoren als Nothafen anzulaufen. Ein schwacher Gegenwind trieb jedoch das Schiff an seinem Ziel vorbei, denn keiner an Bord war mehr kräftig genug, um die Brassen durchzuholen. Nun trieb die „Planet" hilflos auf hoher See, ein ganzes Schiff voll sterbenskranker Leute. Es war der 109. Tag seiner Reise, als der Engländer es traf. Der brachte erst einmal eine Bootsladung frischen Proviants hinüber. Dann wurde ein Schleppversuch gemacht, der jedoch mißlang. Da der Dampfer seiner Viehladung wegen sich nicht lange aufhalten durfte, ging kurzerhand der 2. Offizier Bryant mit mehreren Freiwilligen auf die „Planet" über. Doch dauerte es noch volle 14 Tage, bis sie das Schiff mit seiner schwachen Bemannung über die letzten 200 Meilen nach Queenstown in Irland, dem heutigen Cobh, gebracht hatten.

Seemann sein, heißt eben: das Beste hoffen, aber aufs Schlimmste gefaßt sein!

## Abschnitt II

# Gefahren der Seefahrt.

### Eine Seite Zahlen.

| Im Jahre 1912 | besaß Segler | verlor davon | in Prozent | besaß Dampfer | verlor davon | in Prozent |
|---|---|---|---|---|---|---|
| England ..... | 5124 | 134 | 2,6% | 6585 | 148 | 2,3% |
| Ver. Staaten | 3090 | 96 | 3,1 „ | 993 | 15 | 1,5 „ |
| Dänemark ... | 686 | 18 | 2,6 „ | 465 | 7 | 1 5 „ |
| Norwegen ... | 1007 | 48 | 4,8 „ | 1199 | 26 | 2,2 „ |
| Frankreich ... | 1115 | 48 | 4,3 „ | 642 | 17 | 2,6 „ |
| Deutschland .. | 1000 | 22 | 2,2 „ | 1412 | 18 | 1,2 „ |

Während die Handelsflotte Deutschlands ihrer Größe nach unter den Flaggen an vierter Stelle steht, betrug die Anzahl der total verloren gegangenen Schiffe der hauptsächlichen Flaggen im Jahre:

| | 1927 | 1928 | 1929 | 1930 | 1931 | 1932 |
|---|---|---|---|---|---|---|
| England ..... | 128 | 126 | 146 | 109 | 96 | 102 |
| Ver. Staaten | 121 | 111 | 85 | 63 | 53 | 71 |
| Japan ...... | 50 | 42 | 34 | 39 | 45 | 34 |
| Frankreich ... | 32 | 32 | 37 | 20 | 21 | 23 |
| Norwegen ... | 34 | 30 | 32 | 19 | 14 | 14 |
| Italien ...... | 34 | 33 | 27 | 21 | 25 | 12 |
| Deutschland .. | 20 | 28 | 27 | 18 | 13 | 9 |

Die deutsche Handelsflotte steht in der Verlustliste an welcher Stelle?

| | 1927 | 1928 | 1929 | 1930 | 1931 | 1932 |
|---|---|---|---|---|---|---|
| an Zahl der verlorenen Schiffe .... | 7. | 7. | 7 | 6. | 8. | 8. Stelle |
| an Tonnage der verlorenen Schiffe . | 6. | 11. | 7. | 4. | 9. | 16. |

Die hohe Tonnagezahl im Jahre 1930 wurde durch den Verlust des 13900 Tonnen großen M. S. „Monte Cervantes" erreicht.

[1]) In sämtlichen Tabellen sind ganz kleine Schiffe unter 50 B. R. T. unberücksichtigt geblieben.

**Anzahl der durch Strandung oder Feuer total verlorenen Schiffe:**

| | 1928 | | 1929 | | 1931 | | 1932 | |
|---|---|---|---|---|---|---|---|---|
| | Strandung | Feuer | Strandung | Feuer | Strandung | Feuer | Strandung | Feuer |
| England | 67 | 8 | 67 | 14 | 50 | 9 | 44 | 5 |
| Frankreich | 15 | 5 | 18 | 3 | 12 | — | 9 | 2 |
| Japan | 35 | — | 26 | 1 | 29 | 1 | 18 | 2 |
| Ver. Staaten | 22 | 17 | 27 | 30 | 16 | 17 | 10 | 31 |
| Deutschland | 9 | — | 11 | 1 | 7 | 1 | 5 | — |

Die allgemeine Abnahme der Zahl der Totalverluste findet teilweise eine Erklärung in der rapiden Abnahme des Schiffsverkehrs in den angeführten Jahren.

## Die wichtigsten Sturmgebiete der Erde und was Schiffen dort passierte.

Bleischwer und drohend jagen dichtgeballte Wolkenhaufen heran aus der Weite des nordischen Meeres, hinter ihnen und in ihren Schwaden versteckt hetzt mit Brausen und Johlen, mit Pfeifen und Kreischen die heidnische wilde Jagd, treibt in langen Reihen die weißmähnigen Sturmrosse der Nordsee gegen die grüne Kante deutschen Landes, das sich hinter seinen Deichen duckt vor den Stößen der heulenden Böen. Von allen Signalstellen glostet ein brandrotes Auge zwinkernd in die Dunkelheit des Herbstabends: die Sturmwarnung. Die bedeutenderen Stationen größerer Häfen zeigen zwei rote Lampen übereinander. Sturm aus Nordwest zeigen sie an, hingen dort bereits in der vergangenen Nacht, als harmlose Gemüter sich noch mit Ausflugsplänen trugen.

Wohl gehen die großen Schiffe trotz dieser Sturmwarnungen in See. Ihre Leitung weiß, daß ihr Schiff auch dem schwersten „Puster" standhält, wenn einsichtsvolle Führung es im Kampf gegen See und Sturm unterstützt. Auch würde jeder Tag des Zögerns im Hafen schwere geldliche Opfer bedeuten, die in dem harten Wettbewerb unserer Tage nicht zu verantworten wären. Nein, die großen Kästen gehen raus bei jedem Wetter. Sie können es ohne Bedenken. Doch viele Dutzende kleiner

Fahrzeuge nehmen sich die Warnung zu Herzen. Ganze Schwärme liegen an Sturmtagen in den Mündungen der Flüsse oder im Windschutz einer Insel, zerren an knirschenden Ankerketten, verneigen sich tief vor jeder Welle und warten geruhig ab, bis die Signale der nächsten Sturmsignalstelle geändert werden und ihnen die Versicherung geben, daß es jetzt „handiger" wird.

Allerdings, wen es draußen erwischt, der muß sich seiner Haut wehren, so gut er's kann — und solange er's durchhält. Sturmtage bedeuten nur zu oft schwarze Tage für manche Seemannsfamilie. Und wenn nach Tagen der Dunkelheit die Sonne wieder einen freundlichen Blick hinunterwirft auf die sturmgepeitschte Wasserkante, dann findet sie gar oft verhängte Fenster in den Fischerhäusern hinterm Nordseedeich. Und weit draußen treiben die Trümmer des Schiffes, das einer kleinen Besatzung Heimat, einer Familie die Existenz bedeutete.

Beide Masten geknickt, an Deck alles wie von Dampfhämmern zermalmt, so fanden Fischdampferleute das Wrack des Elsflether Loggers „Burhave" am 8. Oktober 1905 in der Nordsee treibend. Drei Tage vorher war das Schiff in See gegangen — mit 14 jungen, blühenden Männern an Bord. Nur einen fand man, bis zur Unkenntlichkeit entstellt, eingeklemmt zwischen den Trümmern an Deck. Von den anderen Dreizehn keine Spur.

Und in gar vielen Fällen verschwinden auch die Schiffe, ohne daß man irgend einen Anhalt über ihren Verbleib fände. Der Winter 1902/03 brachte Stürme, die durch Wochen über die Nordmeere rasten. In den Weihnachtstagen, Mitte Januar und Februar steigerte sich das Unwetter zur Raserei der Elemente. Mit Orkanstärke wütete der Sturm an diesen Tagen gegen die Küste und gegen die Schiffe, die da draußen waren. Sechs Fischdampfer, jeder mit einer Besatzung von 10 bis 13 Mann, sind in diesen Tagen verschollen. Am 13. Dezember ging der erste von diesen Todgeweihten hinaus. Zum letzten Male wurde er an der Küste von Island gesehen — am Tage vor dem Weihnachtsfest. Es war der Fischdampfer „Neck". Am gleichen Tage verließ der „Kommandant" den Hafen von Geestemünde — um nie wieder gesehen zu werden. Es folgten am 3. Januar der „St. Johann", am 28. der „Uranus". Dann gingen im Februar die Dampfer „Baltrum" und „Georg Adolf" in See. Von allen sechs Schiffen wurde nie wieder etwas gehört, kein treibendes Boot, kein Rettungsring, der ihren Namen trug, wurde gefunden. Welches Geschick ihre Besatzungen, 66 Söhne und Väter, traf, weiß Gott allein. Nordsee — Mordsee! Wochen später mußten die Seeämter ihre traurige Pflicht erfüllen und diese Unfälle untersuchen, soweit für Menschengeist noch etwas zu forschen blieb. Alle sechs Verhandlungen endeten mit dem gleichen Spruch: „Das Schiff ist mit seiner Besatzung als verschollen zu betrachten. Die Ursache des Unfalles hat nicht festgestellt werden können. Mängel in der Bauart, Beschaffenheit, Ausrüstung, Beladung und Bemannung des Schiffes haben sich nicht ergeben."

Und im Herbst des gleichen Jahres sind auf derselben Fangreise in der Nordsee allein von Finkenwärder, dem altehrwürdigen Fischerdorf vor den Toren Hamburgs, die Ewer „Probus", „Hai", „Emma Gesine" und „Pescatore" geblieben. Auf jedem befanden sich drei Mann Besatzung.

Die Schiffahrtsblätter des Frühjahrs 1933 brachten an auffallender Stelle immer wieder diese Notiz:

> „Aufforderung. Die Fischdampfer „Meteor" und „Westbank" verließen am 1. und 2. Februar 1933 den Hafen Geestemünde nach Island. „Meteor" wurde zuletzt gesehen am 12. II. an der SW-Küste Islands, „Westbank" am gleichen Tage in der Faxa-Bucht. Personen, welche über den Verbleib der Schiffe irgendwelche Angaben machen können, wollen sich melden..."

Wer denkt wohl daran von denen, die nach hartem Tagewerk in gutgeheiztem Büro beim Abendbrot in weicher Sofaecke über die unverschämten Räucherfischpreise ergrimmen? Da sprechen sie vielleicht mit Geringschätzung vom Seefischfang als von der „Ernte, die keine Saat gekostet!" Daß sie doch nur einmal auf ihrer Ferienreise die riesigen Auktionshallen der Fischmärkte in Hamburg, Altona, in Cuxhaven oder Geestemünde besuchten! Staunen würden sie über den mageren Lohn, den die verwitterten und arbeitsverkrümmten Seeleute der Fischereifahrzeuge für ihre Ware erhalten. Und danach sollten sie hingehen in die moosbewachsenen Kirchlein der Fischerdörfer, sollten hintreten vor die Tafeln, von denen in langen Reihen die Namen derer leuchten, die ihr Leben ließen bei der Einbringung der „Ernte ohne Saat". Dort werden sie erkennen, welche Saat der Seefischfang kostet; für die silberne Ernte der Hunderttausende von Fischleibern die silberne Saat der Tausende von Tränen, die seit Jahrhunderten um verschollene Väter und Gatten, um Söhne und Brüder geflossen.

Auch größere Schiffe kriegt er manchmal unter, der „Blanke Hans.“ Und Segler zaust er natürlich besonders gerne! In einem November vor dem Kriege war's, da lag die 600 Tonnen-Bark „Hulda“ im schweren Sturm in der Nordsee. Mit Riesenfäusten preßte der Orkan das Schiff auf die Seite, es drohte zu kentern. Da kappte die Besatzung die Takelage unter schwerster Gefahr, dabei erschlagen zu werden. Das half etwas. Doch am Tage darauf wurde es noch schlimmer. Fast ununterbrochen gingen die Seen über das Wrack. So fand es der Hamburger Dampfer „Emma Sauber“. Das Notsignal der „Hulda“ trieb zur Eile. Trotz der rasenden See gelang es der Besatzung des Dampfers, ein Boot zu Wasser zu bringen, bei solchem Wetter eine hervorragende Leistung, die ebensoviel Todesverachtung wie berufliche Tüchtigkeit erfordert. Mühsam arbeiten sie sich an das Wrack heran. Da schleudert eine hohe Welle das Boot unter den Klüverbaum der „Hulda“. Zwei Mann werden schwer gequetscht, das Boot selbst ist leck. Nur mit äußerster Not gelangen sie zurück zur „Emma Sauber“ und an Bord. Unter ihren Füßen weg sackt das Boot. Darauf versuchen die Leute der „Hulda“, ihr Großboot auszusetzen. Kaum zu Wasser, schmettert es eine einzige See an der Bordwand in Trümmer. Wilder rast der Sturm. Mit höchster Geschicklichkeit bringt der Dampferkapitän sein Schiff nahe an das Wrack — beängstigend nahe. Bei einem Zusammenstoß in dieser See sind beide verloren! Aber es gilt Menschen zu retten, Mitseeleute. Und es gelingt, eine Leine zum Wrack hinüber zu werfen. Daran ziehen sie drüben ein dickeres Tau zu sich. Mann für Mann werden an diesem 9 Leute durch die kochende See geholt. Halb ertrunken, zerschlagen und zerschunden, so zerrt man sie über die Reeling des Dampfers. Aber sie sind doch in Sicherheit. Da fällt eine Hagelbö klirrend über sie her, das Verbindungstau bricht — der Sturm treibt beide Schiffe auseinander. Dann sinkt die Nacht herein. Auf der „Hulda“ sind noch ein Matrose, der 1. Offizier, der Kapitän und dessen Frau, die sich beharrlich geweigert hatte, zuerst oder überhaupt vor ihrem Manne das Wrack zu verlassen.

In dieser furchtbaren Nacht suchte die „Emma Sauber“ mit Aufbietung aller Maschinenkraft in der Nähe zu bleiben. Spät dämmert der graue Tag — er zeigt die See leer, soweit sie von den Masten des Dampfers zu überblicken ist. Schweren Herzens nimmt der Kapitän seinen Kurs wieder auf. Nach Tagen in Hamburg erst erfuhr er, daß das Wrack wider Erwarten die Nacht überstanden hatte. Drei Tage

Unter vollem Zeug
Jedes Taschentuch an Bord zieht

und

unter Sturmsegeln.
Nur Fock und Untermarssegel stehen noch.

Hohe See kurz vor dem Überbrechen. Die Strecktaue über der Reeling bieten vom Wasser fortgerissenen Leuten letzten Halt.

Eine leichte See kommt über. Die etwa brusthohe Dampfwinde gibt ein Bild von der Tiefe des Schwalles.

später wurde es von einem englischen Fischdampfer nach Grimsby eingeschleppt. Doch des Kapitäns Frau war in dieser einen Schreckensnacht eisgrau geworden.

Tragisch verlief der Sommersturm, der vor nunmehr zehn Jahren in der Nordsee tobte. Am 30. August 1923 war der 6000 Tonnen große Dampfer „Klüpfel" mit einer Ladung Kohlen von Hull nach Hamburg unterwegs. Die schwere Sturmsee hatte die Luken zerstört. Alle Anstrengungen der tapferen Mannschaft waren vergeblich geblieben, das Schiff begann zu sinken. Da beorderte Kapitän Gardin seine ganze Mannschaft, 41 Mann, in die beiden großen Rettungsboote. Er selbst lehnte einen Platz im Boot ab! Aufrecht und ruhig wie immer leitete er von der Brücke aus das Zuwasserbringen der beiden Boote. Das Manöver gelang. Der gefährliche Augenblick des Absetzens von der Bordwand war vorüber. Beide Boote schwammen schon in sicherem Abstand von dem schwerfällig rollenden Schiff. Bis über die Brücke brachen schäumend die Seen. Dort stand ruhig und gefaßt der Führer des sinkenden Dampfers. Unbegreiflich jedoch sind des Schicksals Wege. Vor des Kapitäns Augen kenterte eine steile See beide Boote. Er mußte von Bord aus zusehen, wie alle 41 Mann seiner Mannschaft von der wilden See gemordet wurden, mußte es mit ansehen, unfähig zu helfen, er selbst dem gleichen Tode verfallen. Als das Schiff tiefer sinkt, lascht er sich mit einer Lotleine an die hölzerne Verschanzung der Brücke. Noch ein Hin-und-her-taumeln, dann sinkt die „Klüpfel" Bug voran in die Tiefe. Grün und eisig umkrallt es den einsamen Mann. Dunkler wirds um ihn. Da — plötzlich fühlt er sich in die Höhe gerissen. Die Verschanzung hatte sich gelöst, das Holz trieb auf — riß den daran festgebundenen Mann mit hinauf zum Licht, zurück aus dem Grabesdunkel ins Leben. Nach sechs Stunden voller Qual wurde Kapitän Gardin von der Besatzung des großen dänischen MS „Java" bemerkt und geborgen. Er als Einziger lebt, der er freiwillig mit seinem Schiff in die Tiefe hatte gehen wollen.

Wenn die Ostsee in ihrer Sturmsee auch nicht die Gewalt der Nordsee bei anhaltendem Nordwest erreicht, so würde man doch weit fehl gehen, wollte man das Baltische Binnenmeer für einen harmlosen Ententeich halten! Innerhalb ganz kurzer Zeit steht bei Sturm eine kurze, hohe See — steil rollen die Wogen heran, wie grüne Mauern gestaffelt, mit einer furchtbaren Stoßkraft in sich. Durch eine solche See wurde Mitte März 1900 der kleine Dampfer „Diana" bei Hela an der Küste des lieblichen Ostpreußen zum vollkommenen Wrack geschlagen. Boote zu Kleinholz, alle Treppen wegrasiert, die eisernen Schotten der Back eingedrückt, die Luken des Vordecks offengelegt — alles das Werk einer einzigen Welle. So vollständige Arbeit hatte hier die zahme Ostsee geleistet, daß der Dampfer sofort zu sinken begann. Glücklicherweise befand sich der dänische Dampfer „Kasan" in der Nähe, von welchem die Besatzung der „Diana" aufgenommen wurde.

Die schrecklichste Katastrophe, welche die Ostsee sah, liegt fast 80 Jahre zurück. Im Herbst 1857 reiste eine große Zahl angesehener Familien wie jedes Jahr zur winterlichen Saison nach dem glänzenden St. Petersburg. Von Reval ging die große, mit 80 Kanonen bestückte Fregatte „Le Fort" in See mit 817 Menschen an Bord, darunter 50 Damen und 17 Kindern. Noch zwei andere Kriegsschiffe befanden sich in unmittelbarer Nähe, als die „Le Fort" in einer schweren Sturmbö überholte und binnen 10 Minuten sank. Nicht einer konnte gerettet werden. Und welcher Deutsche gedächte nicht noch mit Trauer des Schlages, der unsere Marine und mit ihr unser ganzes Volk im Sommer 1932 traf, als auf derselben Ostsee eine Gewitterbö den weißen Schwan unserer Marine, das Schulschiff „Niobe", vernichtete. Daß dieses Unglück nicht ebenfalls wie das der russischen Flotte mit dem Verlust der gesamten Besatzung endete, ist lediglich der Geistesgegenwart der Schiffsleitungen und dem Opfermut der Besatzungen des Frachtdampfers „Therese Ruß" und des Feuerschiffes „Fehmarn Belt" zu danken.

Ein nicht minder hervorragendes Zeugnis vom Können deutscher Seeleute legt die Bergung der Mannschaft des Handels-Schulschiffes „Pommern" ab. Dieses Schiff war vom Sturm in besonders ungünstiger Lage überrascht worden. — Von den Kanarischen Inseln kommend, hatte man seit den Azoren stets bedeckten Himmel gehabt. Das bedeutet, daß die Schiffsleitung über den Standort des Schiffes nur unvollkommene rechnerische Schlüsse zu ziehen vermochte. Am 20. November 1928 steigerte sich das schon vorher recht unruhige Wetter zum schweren Sturm. Das Schiff war für Plymouth bestimmt. Da gaben Wolkenlücken für Augenblicke die Sonne frei. Das genügte, um den Nautikern durch astronomische Berechnung des Schiffsortes zu verraten, daß man in den vergangenen Tagen der französischen Küste ungemütlich nahe geraten war. Am nächsten Tage kam dann das dicke Ende: in einer orkanartigen Bö gingen die Masten über Bord. Ein Dutzend Leute unter persönlicher Leitung des 1. Offiziers und des Kapitäns waren gerade mit Reparaturarbeiten im Vortopp beschäftigt, als die Takelage fiel. Es muß jeden Seemann, der selbst einmal eine derartige Havarie erlebte, wie ein Wunder anmuten, daß in dem zusammenstürzenden, wenigstens 50 Tonnen schweren Trümmerhaufen nicht ein einziger Mann ernstlich verletzt wurde, obschon sie 15 Meter über Deck gearbeitet hatten. Hilflos trieb nun das Wrack vor Sturm und See tiefer in den Kanal hinein — auf die starrenden Klippen der französischen Felsenküste zu. Obendrein setzt der Flutstrom geradenwegs in Richtung der tausend Felsennadeln der Kanalinseln. Und bei Weststurm läuft die Strömung besonders rasch! Um das Maß vollzumachen, schlugen die im Wasser hängenden Masten und Raaen wie Rammklötze dröhnend gegen die Eisenwände des Schiffes und drohten es jede Minute leck zu stoßen. 18 Stunden ohne Schlaf und Nahrung arbeiteten die Leute, um ihr Schiff zu retten, und es waren doch größtenteils noch richtige Jungens! Aber alle hielten sich, wie sich rechte Seeleute halten. Jetzt zeigte sich's daß sie bereits die richtige Schulung hinter sich hatten. Ein Schleppversuch des riesigen deutschen Bergungsdampfers „Seefalke" mißlang — die starke Ankerkette der „Pommern" brach bei dem wütenden Stampfen des Schiffes. Die Nacht folgte, eine endlose Herbstnacht. Und weiter trieb die „Pommern" vor dem Orkan und der heimtückischen Strömung den Klippen zu. Auf drahtlose Hilferufe des Hapagdampfers „Rhön" war der große Seeschlepper „Heros" herbeigekommen. Schleppen war bei diesem Wetter unmöglich. Die lastende Verantwortung für das Leben so vieler junger Menschen bestimmte den Kapitän, den Befehl zum Verlassen des Wracks zu geben. Jeder besonnene Seemann hätte an seiner Stelle dasselbe getan — dasselbe tun müssen! Der meisterlichen Schiffsführerkunst des Schlepperkapitäns nur ist es zu verdanken, daß bei der wilden See die Herstellung einer Verbindung von Schiff zu Schiff gelang. Durch eine Bö wurde sie auch einmal unterbrochen. Tapfer sprangen die Jungens einer nach dem anderen in die kalte, schäumende See — und die meisten waren doch nur halbe Kinder. Schon war die Felsenküste der Insel Guernsey mit ihrer haushohen Brandung in Sicht. Die Dunkelheit kam, bei Scheinwerferlicht wurde das Rettungswerk vollendet. Als Letzter sprang Kapitän Reimer mit der rettenden Schlinge um den Leib in die See. Nicht einer von der achtzigköpfigen Besatzung kam zu Schaden! Eine Rettungstat, die in ihrer umsichtigen Durchführung einzig dasteht in der Geschichte der Seeschiffahrt.

Wer hätte noch nicht von den Stürmen der Biskaya gehört, der berüchtigten Spanischen See, die Hunderte von Schiffen in ihren Tiefen birgt! Hier liegt die „Licata" der alten Hamburger Reederei Sloman. Für 36 Stunden hielt der englische Dampfer „Scholar" treu aus bei dem sinkenden Schiffe. Dann nahm er unter eigner schwerer Gefahr dessen Mannschaft über und brachte sie sicher nach Vigo. Den Novemberstürmen desselben Jahres fiel der Dampfer „Salerno" der gleichen Firma zum Opfer.

Ein echter Biskaya-Sturm war's auch, der am 9. September 1922 den 7200 Tonnen großen Hamburger Dampfer „Hammonia" überwältigte. Am Tage vorher hatte das Schiff mit 365 Fahrgästen und 192 Mann Besatzung Vigo verlassen. Auch 5 „Blinde" hatten sich eingeschlichen, wie sich auf See herausstellte. Die Reise sollte über Habana nach Mexiko gehen. Das Wetter war unruhig. Abends um 8 Uhr verspürte man einen so heftigen Stoß im Schiff, daß Frauen und Kinder von den Stühlen fielen. Sofort wurden die Pumpen gepeilt; das Schiff machte Wasser, es war nicht mehr dicht. Als nach einer knappen Stunde das Wasser trotz ständigen Arbeitens der Pumpen zunahm, zögerte der Kapitän keine Minute länger, alles zur Sicherheit seiner Gäste Erforderliche zu tun. Unverzüglich gab er dem Telegraphisten Befehl, Notsignale auszusenden und ließ gleichzeitig das Schiff wenden, um nach Vigo zurückzudampfen. Unglücklicherweise hatte es seit Mittag „aufgebrist", wie der Seemann es nennt. Um 16 Uhr schon wehte steife Brise und abends stand schwerer Sturm gerade entgegen. Gegen die hohe See durfte nur mit halber Kraft angegangen werden. Kostbare Zeit verstrich — das Wasser stieg stündlich. Andern Morgens gegen 10 Uhr ließ der Kapitän sämtliche Boote durch die Mannschaft klar zum Aussetzen machen. Dann wurden die Fahrgäste jeder mit einer Schwimmweste versehen. In anerkennenswerter Ruhe warteten sie auf dem Promenadendeck des Kommenden in der Überzeugung, daß ihr Leben sachverständigen und verantwortungsbewußten Händen anvertraut sei.

Auf die SOS-Rufe kam als erster Helfer um 11 Uhr der englische Dampfer „Soldier Prince" an. Ohne Zögern wurde mit der Ausschiffung der Fahrgäste begonnen. See und Sturm hatten abgeflaut.

Hilflos treibt das Wrack der „Pommern" auf die Küste zu. Auf dem Achterdeck steht die Besatzung; einer nach dem andern springt beherzt in die kochende Orkansee. (Vorn rechts sieht man das Rettungstau).

Seeschlepper „Heros" bei seinem nächtlichen Rettungswerk.

Das Achterdeck im Passat —

Die Horizontlinie links läßt die Lage des Schiffes erkennen.

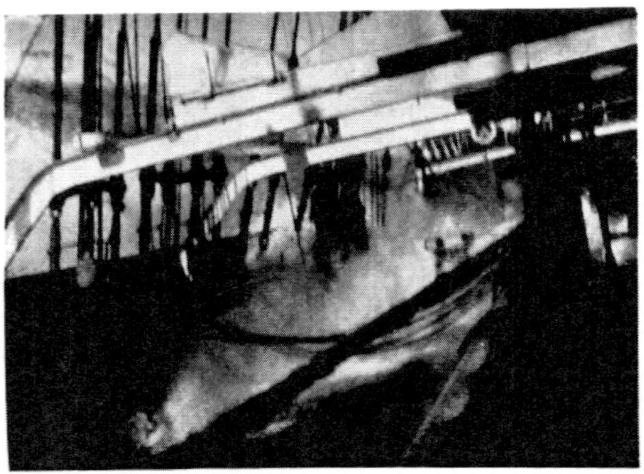

und bei stürmischem Wetter.

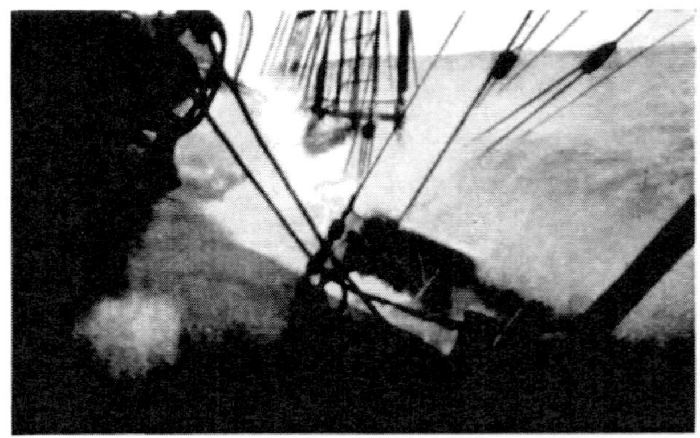

Wer bei dieser „Rolling“ seinen Halt verliert, dem gnade Gott!

Ohne die Unvernunft spanischer Zwischendecker wäre kein Mensch verunglückt. Doch diese hitzköpfigen und schwer lenkbaren Leute sahen kaum das erste Boot zu Wasser gehen, als sie wie Rasende vorstürzten, die Bedienungsmannschaften überrannten und von der Höhe des Achterdecks ein Hilfsklappboot hinabwarfen. Das überfüllte Boot mußte bei dieser Hast natürlich kentern. Andere versuchten, an der durch Wellenschlag gefährdeten Luvseite ein Boot zu Wasser zu bringen. Auch das mußte mißlingen, das Boot kenterte und schnitt unter. Durch Gewalttätigkeiten und die irrsinnige Panik unter diesen Leuten allein kamen leider mehrere Fahrgäste und Leute der Besatzung ums Leben. Alle Passagiere, die sich willig der Leitung durch die Bemannung fügten, wurden geborgen, ohne auch nur nasse Füße bekommen zu haben! Die Mannschaft arbeitete unter Leitung der Offiziere in mustergültiger Disziplin, so daß bereits um 4 Uhr nachmittags die Bergung sämtlicher Passagiere beendet war. Der Kapitän, sämtliche Offiziere, 2 Ingenieure und noch einige Leute waren zurückgeblieben. Man wollte den Versuch machen, das Schiff durch die „Soldier Prince" nach Vigo schleppen zu lassen. Trossen wurden klargemacht. Um 6 Uhr jedoch fiel die „Hammonia" stark auf die Seite, schon bis an die Zylinder stand im Maschinenraum das Wasser. Da erst gab die Schiffsleitung die Rettung auf und ging von Bord. Es war allerhöchste Zeit. Steil auf richtete sich plötzlich das sinkende Schiff, um Heck voran in der Tiefe zu verschwinden. Der Wirbel des Unterganges faßte noch das Boot und riß es um ein beträchtliches Stück zurück auf die Unfallstelle zu.

Wie vorteilhaft sticht die Handlungsweise der Schiffsleitung der „Hammonia" vom Verhalten der Leitung des englischen Dampfers „Vestris" ab, die durch unbegreiflich langes Hinauszögern der Absendung von Notsignalen über hundert ihrer Passagiere in den Tod schickte. Obendrein muß noch eine ernste Schuld an der Katastrophe der „Vestris" deren Führung zur Last gelegt werden: denn durch die Verhandlung vor dem englischen Sondergericht im August 1929 wurde zweifelsfrei erwiesen, daß die „Vestris" bei Antritt der Reise stark überladen war! Die Fahrgäste, die beim „Hammonia"-Untergang verunglückten, haben dies jedoch lediglich eigner Unvernunft und Rücksichtslosigkeit zuzuschreiben!

Die meisten Stürme, die um unsere Hausecken heulen, haben einen gar weiten Weg hinter sich. Oft schon drüben an der amerikanischen

Festlandküste entstanden, brausen sie quer über den schäumenden Nordatlantik. Der Orkan, der die „Pommern" entmastete, hat auf seinem Anmarsch 21 Schiffe havariert, zum Teil vernichtet. Vor zwei, drei Jahrzehnten in den Tagen der Holzseglerfahrt trieben nach einem dieser schweren Winterstürme häufig 30 bis 40 entmastete Segelschiffe, nur von ihrer Holzladung schwimmend gehalten, mit den Ausläufern des Golfstromes quer über den Nordatlantik nach Osten.

Hier, halbwegs zwischen Europa und Amerika, ist der Schauplatz einer der bemerkenswertesten Taten deutschen Seemannstums gewesen. Über 30 Jahre sind es her, da zogen im Winter 1899 eine ganze Reihe schwerster Stürme über den Atlantik. Am 28. Januar hatte der 6550 To. große Hapag-Dampfer „Bulgaria" mit 28 Passagieren New York verlassen. In festen Verschlägen standen am Vordeck 109 Pferde. Trotz hoher See war bis zum 1. Februar alles gut gegangen. Da nahm in der folgenden Nacht der Sturm noch zu. Wild rollte das Schiff von Bord zu Bord, und die Tiere begannen Unruhe zu zeigen. Schon stampften die ersten donnernd das Deck. Ein, zwei Brecher rauschten grünschimmernd über sie hin. Mit gellendem Wiehern rissen sich die ersten Pferde los. Eine Bö neigte das Schiff beängstigend weit über. Das war zu viel für die entsetzten Tiere: in wahnwitzigem Schrecken zerrissen sie ihre Halftern, schmetternd knickten die Holzplanken der Verschläge. Aller Halt war zerstört. Und mit dem Rollen des Dampfers schoß dieses Chaos von Tierleibern und zersplitterten Balken, Tauwerk und eisernen Riegeln und Stützen von einer Bordseite zur anderen. Wie Posaunenstöße durchschnitten die Schmerzensschreie der zerfleischten Kreaturen das Brausen des Sturmes. Der Schrei eines totwunden Pferdes ist unvergeßlich grauenhaft. Um der Qual ein Ende zu machen und das haarsträubende Schreien nicht mehr hören zu müssen, begannen Wärter und Mannschaften, die Tiere zu erschießen.

Da trat ein Ereignis ein, das die Hölle vervollkommnete. Kurz vor Hellwerden entdeckte der 2. Offizier, daß das Schiff steuerlos war: das Ruder war von der schweren See fortgeschlagen worden, hilflos trieb das Schiff im Orkan. Nun ging tosend Brecher um Brecher über das todwunde Schiff. Mit Aufbietung aller Kräfte kämpfte die Mannschaft um die Erhaltung der Luken. Das ausgeträufelte Öl hatte in dem rasenden Seegang fast keine Wirkung. Der Tag verging. Die Wut des Sturmes hatte sich noch gesteigert. Aber wenigstens war es am Vordeck still geworden, wo nur noch eine blutige Masse beim Rollen des Schiffes schwerfällig hin und her wusch. Da — gegen 6 Uhr war's und bereits nachtdunkel — türmte sich neben dem Schiff eine leuchtende schäumende Wand — mit der Wucht eines Dampfhammers schlägt ein gigantischer Brecher nieder auf das zusammenzuckende Schiff. Drei der schwersten Rettungsbote sind wie weggewischt, sämtliche Klappboote zerstört, die ganze Backbordseite des Bootsdecks zerschmettert, die Brücke ist demoliert, alle Türen der Backbordseite eingeschlagen — alles durch eine Welle. Wasser dringt ins Schiff, mit aller Macht müssen die Pumpen arbeiten, um das Schiff flott zu halten. Kapitän Schmidts erste Sorge gilt der Rettung seiner Passagiere. Nachts werden Raketen abgebrannt, bei Tage flattert ein Notsignal vom Mast der „Bulgaria".

Doch erst nach vier Tagen und Nächten, am Vormittag des 6. Februar, kam ein Schiff in Sicht. Der amerikanische Petroleumdampfer „Weehawken" ist's. Freiwillige melden sich drüben. Zwei Boote unter dem Kommando des 1. Offiziers Coughlan und des 2. Offiziers Pickett arbeiten sich durch die wilde See auf die hilflos treibende „Bulgaria" zu.

Dort will man ebenfalls ein Boot aussetzen. Doch durch das eingedrungene Wasser liegt das Schiff zu schräg, und gerade mit der tiefen Seite der See zugewendet. Es heißt all seine Gliedmaßen aufs Spiel setzen, unter diesen Umständen eins der schweren Boote zu Wasser zu bringen. Trotzdem wird der Versuch gemacht, um die Passagiere zu bergen. Der 3. Offizier erleidet dabei eine schwere Rückenverletzung. Eigene Gefahr nicht achtend, ruhen sie nicht, bis das Boot zu Wasser gebracht ist. Der Bootsmann bringt es mit 6 Mann, 2 Frauen und 8 Kindern trotz Sturm und See zur „Weehawken". Mit Lebensgefahr werden alle an Bord geholt, das Boot zerschmettert die wütende See an der Bordwand. Das vom 1. Offizier des Amerikaners geführte Boot wird unterwegs leck, es muß umkehren, und mit genauer Not retten sich die Insassen auf ihr Schiff. Auch ihr Boot wird von der See zertrümmert. Das Boot des 2. Offiziers kommt sicher zur „Bulgaria". Es gelingt, 8 Passagiere überzunehmen. Es sind die Letzten. Zehn waren mit einem zweiten Boot der „Bulgaria" abgesetzt worden, hatten aber den Amerikaner noch nicht zu erreichen vermocht. Das Boot der „Weehawken" fordert nun die „Bulgaria"-Leute auf sich zu retten. Da ruft Kapitän Schmidt den Tapferen durch das Heulen des Sturmes zu: "I only want the women and children taken off, do not care about the crew and myself!"[1]) Mit Mühe nur kann das amerikanische Boot zu seinem Schiff gelangen, denn Wind und Seegang haben wieder zugenommen. Auch dieses Boot zerschlägt eine einzige See an der Bordwand der „Weehawken". Inzwischen waren noch die englischen Dampfer „Koordistan" und „Viktoria" angekommen. Der letztere hatte das zweite Boot der „Bulgaria" abtreiben sehen und folgte ihm, um die Insassen zu retten. Erst nach 5 Stunden gefährlichsten Manövrierens gelang es — keine halbe Stunde zu früh, da schon die Nacht hereinbrach. Eine mit ungeheurer Wut einsetzende Bö trennte gleich darauf die Schiffe. Zweimal sah man von der „Bulgaria" aus noch die Signallampen der Helfer, doch als es hell wurde, fand man sich wieder allein auf dem schäumenden Atlantik.

3 Tage und 3 Nächte lang jagte nun eine Orkanbö die andere, 3 Tage und Nächte war das Schiff ständig von Brechern überrauscht. Erst am Nachmittag des 9. nahm der fürchterliche Seegang merklich ab. Ein Mann wurde vermißt. Nun gingen alle daran, das grauenhafte Chaos am Vordeck über Bord zu werfen. Die zerfetzten Kadaver strömten bereits einen durchdringenden Geruch aus. Alles atmete auf, als die letzte Spur dieser schaurigen Decksladung beseitigt war. Dann begann man unter des Kapitäns Leitung mit dem Bau eines Notruders. Das mühselig Erreichte wurde am 11. und 12. durch erneuten schweren Sturm wieder zerstört. Da traf in der Nacht vom 13. zum 14. der englische Dampfer „Antillan" ein. Er erklärt sich bereit, die „Bulgaria" zu schleppen. Mit unendlicher Mühe wird eine Verbindung hergestellt, die leider beim Anschleppen bricht. Der Engländer verliert dabei 50 Faden teure Ankerkette. Erneuerte Arbeiten an einer Schleppverbindung werden vom Wetter vereitelt, ab Mittag weht wieder schwerer Sturm. Die Nacht trennt beide Schiffe. In den Tagen vom 16. bis 21. gelingt es der „Bulgaria"-Mannschaft, eine Notsteuereinrichtung herzustellen. Mit halber Kraft kann man endlich die Reise nach Süden aufnehmen und erreicht mit einer Geschwindigkeit von 11 Knoten den Hafen Punta Delgada auf den Azoren. Im Hinterschiff stand das Wasser bereits 16 Fuß hoch, als am 24. Februar früh 8 Uhr die Anker der „Bulgaria" fallen. Der ganze Hafen grüßte im Flaggenschmuck. Hier hatte die „Weehawken" die geretteten Passagiere gelandet, und alle Welt hatte

[1]) „Ich will nur, daß Sie die Frauen und Kinder übernehmen. Kümmern Sie sich nicht um die Besatzung und mich!"

die „Bulgaria“ längst aufgegeben. Die Freudennachricht durchflog alle Kulturstaaten. Von Hamburg brachte der Dampfer „Hungaria“ ein Ersatzruder, und einige Tage später lief die „Bulgaria“ unter wehendem Flaggenschmuck in Plymouth ein, bewillkommnet von Bürgermeister und Vertretern der englischen Seeleute. Die seefahrtkundigen Briten wußten, welche Leistung hier vollbracht worden war. Doch auch die Heimat kargte diesmal nicht mit Anerkennung. Feierlich wurde die Besatzung des verloren geglaubten Schiffes in Hamburg vom Senat, dem Admiral Köster und dem preußischen Gesandten Graf Wolff-Metternich begrüßt, bei welcher Gelegenheit dem Kapitän sowie seinen Getreuen Orden und Auszeichnungen als Anerkennung des Deutschen Kaisers überreicht wurden.

Doch über unzählige Schiffe schon schlossen sich die Sturmseen des Nordatlantik für immer, und allzu häufig zieht er auch ihre Besatzung mit in die Tiefe. Vor wenigen Jahren erst erging es so dem Lübecker Dampfer „Herrenwyk“, der auf der Reise nach den Vereinigten Staaten im Sturm sank. Mit zertrümmerten Luken trieb das Schiff steuerlos vor einem schweren Orkan. Auf seine SOS-Rufe kam der englische Passagierdampfer „Transsylvania“ zur Rettung der Besatzung. Doch in der furchtbaren See rollte das 24000 Tonnen große Schiff so stark, daß es seiner Mannschaft nicht gelang, ein Boot zu Wasser zu bringen. Beim Versuch, eines seiner großen Rettungsflöße auszusetzen, wurde der 1. Offizier von einer Brechsee gegen ein Spill geschleudert und lebensgefährlich gequetscht. Da erschien noch ein Dampfer auf der Bildfläche, die kleine dänische „Estonia“. Freiwillige von deren Besatzung brachten das Meisterstück zuwege. In dem wahnwitzigen Aufruhr arbeiteten sie sich im Boot bis zur „Herrenwyk“. Doch ein Anlegen war unmöglich, hätte sofortigen Tod bedeutet. Drum sprangen 6 beherzte Leute der deutschen Besatzung in die kochende See und wurden auch glücklich von den Dänen geborgen. Dann setzte eine Bö ein, und nur mit Mühe gelangte das Boot zur „Estonia“ zurück. Treu harrte dieser kleine Dampfer bei der sinkenden „Herrenwyk“ aus, und als die Wogen sie schließlich überwältigten und begruben, da gelang es dem Dänen durch geschickte Manöver, noch 7 Mann durch Zuwerfen von Leinen und Rettungsringen zu retten. Die übrigen versanken mit ihrem Schiff.

Noch einen Wetterwinkel kennt unsere Welt, der, wie bereits erwähnt, mit seinen Stürmen seit jeher als Prüfstein für die Güte von Schiff und Besatzung galt: Kap Horn. Zwar weht es dort nicht schärfer als in anderen Gegenden zu Zeiten auch. Was den hohen Südatlantik dort unten so gefährlich macht, ist seine unvorstellbar gewaltige Sturmsee. Fast das ganze Jahr hindurch stehen hier westliche Winde. Wochenlang steigern sie sich zu Sturmesstärke und peitschen so einen Seegang auf, der unbehindert von einschränkenden Küsten aus unendlichen Weiten kommt. Majestätisch ziehen sie einher in nie endender Prozession, die smaragdenen Hügel mit den schneeigen Schaumgipfeln, in der Wucht ihrer Bewegung ein Anblick, wie ihn in gleicher Erhabenheit kein anderer Ort unserer Erde bieten kann. Doch wehe dem Segler, über dessen Reeling einer dieser Kolosse bricht!

Hier hat der Altmeister der Segelschiffahrt, Kapitän Hilgendorf, seine Feuerprobe bestanden. Am 15. Februar 1886 hatte er als Führer der Hamburger Bark „Parsifal" mit 1500 Tonnen Kohlen Shields verlassen. Am 2. Mai lag das Schiff hundert Meilen südlich der Le Maire Straße in schwerem Wetter. Während bei uns die Frühlingsblumen blühen, ist es ja Herbst dort unten. Das schwere Rollen hatte die Ladung in Bewegung gebracht. Alle Mann waren im Raum, um die Kohlen zu „trimmen", dem Schiffe seine alte Gleichgewichtslage zu sichern. Da traf um halb fünf eine furchterregende See das Schiff. Sechs Fuß tief tauchten die Unterraaen ins Wasser, es schien, als ob die „Parsival" kentern wollte. Rauschend verschob sich die gesamte Ladung nach einer Seite, die Kohlen waren „übergegangen". Nur schnellstes Handeln konnte eine Katastrophe verhindern, und Kapitän Hilgendorf ließ kurz entschlossen die Masten kappen. Als hilfloses Wrack lag jetzt das Schiff den Hieben der See preisgegeben. Schon hielt der Rumpf nicht mehr dicht, im Raume begann das Wasser zu steigen. Als die Takelage eines anderen Seglers in Sicht kam, gaben sie Notsignale. Gleichzeitig wurde die Order gegeben, in die Boote zu gehen. Mit aller Kraft pullten sie auf den fremden Segler zu; doch dessen Masten sanken tiefer und tiefer hinter die Kimm. Ohne die Signale bemerkt zu haben, steuerte der Fremde seinen Kurs weiter und verschwand. Enttäuscht arbeiteten sich die Boote zurück zur „Parsival". Mit Mühe gelang es einigen Leuten wieder an Bord zu gelangen. Das war wichtig, denn in der Eile waren die Boote nur unvollkommen verproviantiert worden. Mehr Lebensmittel und Wasser wurden übergenommen, denn wer wußte, wie lange sie gegen den ablandigen Sturm würden ankämpfen müssen, ehe sie Land erreichten. Doch nach kurzer Zeit schon zeigten die Bewegungen des Wracks Gefahr an. Wollten sie nicht in den Strudel gerissen werden, mußten sie ablegen. Kaum eine Viertelstunde später versank das Schiff.

Ohne Zaudern hielten sie nun in Richtung auf das Kap. Bei Dunkelwerden wurden Raketen abgefeuert. Das Schicksal meinte es diesmal gut. Schon um halb acht sichteten sie ein Flackerfeuer — ein Zeichen, daß ihr Notsignal verstanden war. Zwei Stunden darauf befanden sich alle wohlbehalten an Bord der englischen Bark „Saraka", die sie am 31. Juli in Cork auf Irland landete.

Ganz ähnlich endete die Laufbahn des Vollschiffes „Pinnas". Mit einer Ladung Koks und Zement war es am 21. Januar 1929 von Hamburg nach Chile in See gegangen. Nach 73 Tagen wurde die Le Maire-Straße passiert. Da kam am 12. April schwerer Sturm auf. Von Tag zu Tag wurde das Wetter schlechter, die See höher. Doch am 18. vormittags halb acht Uhr flaute es ganz plötzlich ab — in wenigen Minuten ging der orkanartige Wind bis zu einem leichten Zug herunter. Das ist das Schrecklichste, was einem Segler zustoßen kann. Wenn vorher das Schiff durch seine mächtige Takelage am Wind eine Stütze hatte, wird es nun von der See haltlos hin und her geschleudert. Man stelle sich die 50 m hohen Eisenmasten vor, mit den Tonnenlasten der Raaen und Segel hin und her pendelnd um 50° und mehr nach jeder Seite! Dem hält keine Takelage stand! Nach zehn Minuten knickten Vor- und Großmast dicht über Deck ab, fielen zum Unglück achteraus auf Deck und zertrümmerten die Lenzpumpe. Gleich darauf brach die Kreuzstenge dicht unter der Marsraa. Wie durch ein Wunder wurde niemand an Deck erschlagen. Doch pfiff es wieder heran — wenige Minuten nach der Katastrophe heulte die erste Orkanbö über das Wrack, prasselnder Hagel verfinsterte den Tag. Immer mehr steigerte sich die Kraft des Sturmes. Bis zum folgenden Tage fiel das Barometer auf 718 mm! Wie Berserker arbeiteten die Leute auf dem ständig von schweren Brechern überrauschten Deck, um die Luken durch Darüberlaschen von Bohlen gegen die See zu schützen. Keiner war mehr unverletzt. Mit blutenden Händen, zerschundenen Gliedern und zerschlagenen Körpern, so arbeiteten sie Tag und Nacht mit Hergabe aller Kräfte. Jeder wußte, es ging ums nackte Leben. Wenn die Luken nicht standhielten, dann war bei dem Wetter in Minuten alles aus! Zwei von den tapferen Jungens richtete die See so zu, daß sie in die Kajüte getragen werden mußten. Die andern kämpften unermüdlich weiter. Endlich wurde das Wetter am 23. etwas handiger. Mit frischem Mut brachte man eine Notantenne auf und setzte am Stumpf des Kreuzmastes ein Segel, wodurch das Wrack etwas ruhiger in der steilen See lag. Hinaus durch den Äther zuckte der Notruf der Seefahrer — SOS — save our souls! Doch erst am folgenden Abend kam tröstend und freundlich eine Antwort zurück. Der 5000 Tonnen große chilenische Passagierdampfer „Alfonso", der in Magellanes seine Fahrgäste landete, versprach zu Hilfe zu kommen. Gleichzeitig kam die Meldung des englischen Dampfers „Scottish Strath", der auf die Unfallstelle zuhielt.

Bereits um Mitternacht sahen die Leute der „Pinnas" die Lichter des Chilenen. Am nächsten Morgen sollten von dem Engländer der Versuch gemacht werden, das Wrack in Schlepp zu nehmen. Jedoch es sollte anders kommen. Noch in derselben Nacht briste es wieder auf. Bei Tagesanbruch stand voller Orkan. Die Decksnähte der „Pinnas" fingen an sich zu öffnen. Die Besatzung arbeitete fortgesetzt an der Dichtung des Schiffes. Trotzdem stieg das Wasser im Raum ständig. Jetzt meldete die „Scottish Strath" obendrein, daß sie gegen diesen Seegang nicht andampfen könnte. Sie würde den Standort der „Pinnas" dem englischen Dampfer „British Peer" weitergeben, dessen Eintreffen für den 27. abends zu erwarten sei. Noch zwei Tage warten — auf steuerlosem Wrack — leck — bei diesem Wetter! Sie nahmen's wie Männer auf und flickten unverdrossen weiter an den leckenden Decksnähten herum.

Den 26. raste der Orkan mit unverminderter Heftigkeit. Am 27. morgens sah's schlimm aus um die „Pinnas". Das viele Wasser im Raum hatte sie schon tief hineingedrückt in die See. Brecher auf Brecher ging schäumend über das Wrack. Niemand vermochte sich mehr auf Deck zu halten. Und von der „British Peer" war noch keine Meldung eingetroffen. Dafür aber hatte sich das Bild auf andere Weise belebt — im Ost zum Norden waren in etwa 25 Seemeilen Entfernung die nadelscharfen Grate der Felseninsel Diego Ramirez hinter den Schaumwällen himmelhoher Brandung deutlich sichtbar. Sturm und See trieben das Wrack unvermeidlich auf seine Klippen zu. Angesichts dieser verzweifelten Lage entschloß sich die Schiffsleitung, die Bergung aufzugeben und das Wrack zu verlassen. In stundenlanger aufopfernder Arbeit unter steter Lebensgefahr machte ein Boot der „Alfonso" zweimal den Weg durch die wildbewegte See. Vom Klüverbaum ließen sich die deutschen Seeleute ins Boot der tapferen Chilenen fallen oder sprangen in die Wogen. Alle 25 Mann der Besatzung wurden geborgen. Die „Pinnas" verschwand in den Schleiern einer Hagelbö und wurde nicht mehr gesichtet.

Hunderte von Seglern liegen auf dem Grund zu Füßen des finstern Kaps. Dampfer kommen nie oder doch nur höchst selten in diese Breiten. Denn diejenigen, die Südamerika umfahren, nehmen ihren Weg durch die Magellanes Straße.

Die Dampferrouten sind in anderen Gegenden durch schwere Stürme bedroht. Ganz bestimmte, ziemlich genau umrissene und dem Seemann wohlbekannte Gebiete innerhalb der Tropen sind es, die zu gewissen Jahreszeiten von furchtbaren Wirbelstürmen heimgesucht werden. Immer in den Spätsommermonaten der betreffenden Halbkugel häufen sich diese Naturkatastrophen besonders in den westlichen Bezirken der tropischen Meere. Nur der Atlantik südlich vom Äquator ist das ganze Jahr hindurch frei von dieser Art Stürme. (s. Skizze). Nicht ohne

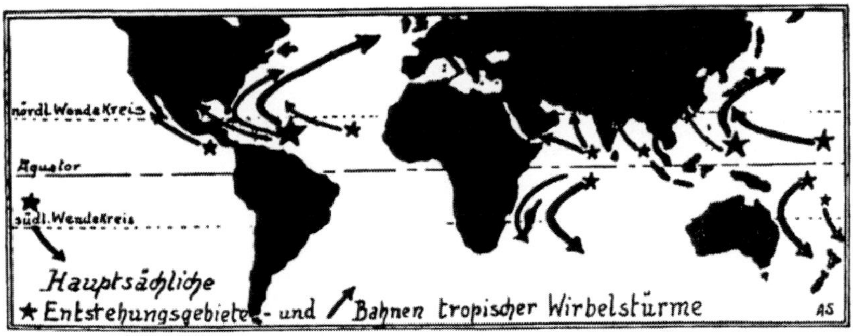


Warnung brechen sie über ihre Opfer herein. Während bei normalen Wetterlagen der Luftdruck in jenen Breiten nur ganz geringe, mit erstaunlicher Genauigkeit verlaufende Schwankungen aufweist, deuten ein geringes Steigen und bald darauf einsetzendes stetiges Fallen des Barometers auf eine ernste Störung. Der sonst heitere Himmel dieser Breiten zeigt ganz auffallende Bewölkungen. Und oftmals macht sich bereits Hunderte von Meilen im Umkreis eine schwere Dünung bemerkbar, die aus dem Sturmzentrum herrührt. In Spiralen weht der Wind von den äußeren Bezirken des Sturmfeldes ins Innere hinein, das mit seinem häufig erschreckend niedrigen Luftdruck die Luftmassen der Umgebung ansaugt. Mit der Annäherung des Zentrums nimmt die

Windstärke zu. Unmittelbar um den Mittelpunkt heult der Sturm auf kreisförmiger Bahn, nach oben hin strömen die Luftmassen ab. Regengüsse gehen nieder, mit denen kein Wolkenbruch unserer Breiten vergleichbar ist. Im Zentrum selbst weht nur schwacher Wind, häufig herrscht Windstille. Im Gegensatz zur Umgebung strömt die Luft hier aus der Höhe herab. Infolgedessen lösen sich alle Wolken auf, blau lacht der Himmel herab über ein Feld von einigen wenigen bis zu 10 oder 20 Seemeilen Durchmesser, dem „Auge des Orkans". Aber wenn vor kurzem eine deutsche Tageszeitung von dieser Gegend, dem Sturmzentrum, schreibt, „es freut sich hier alles seines Lebens", so müssen das höchst merkwürdige Wesen sein, die einem Orkanzentrum solche Gefühle entgegenbringen. Auf allen Seiten treibt der Sturm riesige Seen in die Höhe, die entsprechend der Windrichtung auf entgegengesetzten Seiten des Sturmzentrums auch entgegengesetzt gerichtet sind. Nun lehrt die Physik, daß verschiedene Wellensysteme durcheinanderzulaufen vermögen, ohne sich zu stören. Das kann jeder Seemann bestätigen, der einmal in solche „Kreuzsee" hineingeraten ist. Dafür „stört" sie den Hineingeratenen um so nachdrücklicher! Von allen Seiten gehen schwere Brecher über das Schiff. In wahnwitzigen Sprüngen wirft sich das Fahrzeug umher: kein periodisches Rollen und Stampfen ist es mehr, wie wenige Minuten vorher noch. Das Bocken eines tarantelgebissenen Maulesels ist ein Wiener Walzer gegen den Tanz, den ein Tausende von Tonnen wiegendes Schiff in diesem Hexenkessel aufführt! Herr Hugo Haase persönlich als Besitzer der famosen Berg- und Talbahnen könnte in dieser irrsinngepeitschten Gegend nichts finden, was als Anlaß genommen werden könnte, „sich seines Lebens zu f r e u e n!" In Minuten ist das Deck rasiert, alles, was nicht eisern fest gelascht ist, weggeschlagen. Boote werden in ihren Klampen und Zurrings zu Kleinholz verarbeitet. Zweizöllige Teakholztüren splittern wie Zigarrenkistendeckel. Zollstarke massiv-eiserne Stangen der Reeling biegt das durchbrausende Wasser krumm wie Flitzbögen, eiserne Sonnensegelstützen knicken. Ja, selbst Bootsdavits, die schweren schmiedeeisernen Bootkräne, die doch ein mit 20 und mehr Mann besetztes Boot zu tragen vermögen, sie sogar sind von der unbeschreiblichen See im Zentrum eines Tropenorkans krumm gebogen worden! Es gibt Schiffe, die das Zentrum eines voll entwickelten Wirbelsturmes passierten, sogar Segelschiffe sind dabei. Allerdings sahen sie hinterher einem Segler nicht mehr sehr ähnlich. Und fast jeder Dampfer hat Federn lassen müssen, recht reichlich obendrein. Doch unendlich ist die Zahl kleiner Schiffe, die in diese Hölle gerieten und dort blieben. Ihre Besatzungen? — die blieben auch darin.

Es grenzt ans Wunderbare, wenn es doch einmal Menschen gelingt, diesem Chaos entfesselter Naturgewalten in einem gebrechlichen Boote zu entrinnen. Leute der Besatzung des Hansadampfers „Ehrenfels" wurden wie durch Gottes Hand aus dem sicheren Verderben gerissen. Das Schiff befand sich auf der Heimreise von Colombo am 7. Mai auf ungefähr 11° Nord und 60° Ost. Es wehte schwacher Südwind bei schönem Wetter. Gegen Abend kamen einige leichte Regenschauer auf. Nachts fing es an aufzubrisen. Dann machte sich hohe Dünung aus SW bemerkbar. Von dort näherte sich auch bald das Unwetter. Am Vormittag des 8. wehte bereits voller Orkan bei sehr hohem Seegang. Der einzige gerettete Offizier des Dampfers, Herr von Thülen, schreibt in seinem Bericht: „Um 1 Uhr mittags ging das Zentrum des Orkans über uns hinweg. Von allen Seiten wälzten sich ungeheure Wassermassen über das vor dem Winde liegende Schiff, das bald den Anblick völliger Zerstörung bot. Von 1 Uhr 25 bis 1 Uhr 30 trat Windstille und Sonnenschein ein. Darauf setzte der furchtbare Orkan mit voller Gewalt aus entgegengesetzter Richtung ein, wobei die hoch sich auftürmende, wild durcheinanderlaufende See von allen Seiten über das Schiff hinweg brach." Das Schiff, dem die Luken eingeschlagen waren, trieb hilflos vor dem Sturm und füllte sich zusehends mit Wasser. Gegen Mitternacht mußte es die Besatzung in den Booten verlassen. In dem vom Ersten Offizier geführten Boote befanden sich 13 Europäer und 9 Laskaren, Leute der indischen Mannschaft. Es kam gut vom Schiff ab und wurde in der Dunkelheit schnell abgetrieben. Fünf Tage lang hielten sie ihr Boot durch ständiges Ausschöpfen und Auströpfeln von Öl mühsam über Wasser. Zweimal täglich bekam jeder zwei Schluck Wasser und ein Stück Hartbrot. Hunger und die Qual des Durstes verschlimmerten ihre Lage. Am dritten Tage führten einige Leute irre Reden. Alle hatten stark geschwollene Gliedmaßen, ihr ganzer Körper war mit eitrigen Beulen bedeckt. So fand sie am Abend des 13. der englische Dampfer „Queen Alexandra" und nahm die von den Wellen gänzlich zerschlagenen und todmatten Leute auf. Von den anderen Booten und ihren Insassen hat man nie etwas erfahren.

Ebenfalls in der Arabischen See ist in einem Cyklon im Jahre 1885

S. M. S. „Augusta" verschollen. In jener Gegend tritt ein solcher Sturm selten auf, doch alle gemeldeten sind von furchtbarer Heftigkeit.

Anders liegen die Verhältnisse in den ostasiatischen Gewässern. Allein in den Jahren 1900 bis 1918 brausten 418 Wirbelstürme über die Philippinen und das Südchinesische Meer, d. h. 22 im Jahresdurchschnitt! Jeder Juli und Oktober bringt diesen geplagten Gegenden 3, jeder August und September 5 Taifune! Trotzdem ereignet es sich selten, daß unsere Dampfer, die jahrein, jahraus diese Routen regelmäßig befahren, ihren Fahrplan nicht innehalten können. Umfassende meteorologische Kenntnisse, weitgehende Erfahrungen und nie rastende Wachsamkeit unserer Kapitäne und Schiffsoffiziere bewirken, daß die Unfälle auf deutschen Schiffen in diesen Gegenden im Verhältnis zum Schiffsverkehr an niedrigster Stelle erscheinen! Durch umsichtige Manöver gelingt es der Führung meistens, den inneren, gefährlichsten Bezirk des Sturmfeldes, das Auge des Taifuns, zu umgehen. Allerdings, befindet sich ein Schiff unglücklicherweise gerade in einer der vielen engen Inseldurchfahrten, dann muß eben die volle Wut des Taifuns abgewettert werden. So erging es im September 1926 dem schönen Passagierdampfer „Königsberg" auf der Reise von Yokohama nach Taku. Das Barometer fiel in weniger als drei Stunden um 43 mm, als das Sturmzentrum über das Schiff hinwegraste! Im Tagebuch findet sich folgende Eintragung: „Ab 4.15 Uhr Schiff ohne Steuer, lagen beigedreht. Ab 5 Uhr voller Orkan, äußerst heftiger Regen. Schiff befand sich 5.30 bis 6.00 im Zentrum des Taifuns. Hohe wilde See, ebensolche durcheinanderlaufende sehr schwere Dünung, sternenklarer Himmel. Wind dreht um 6 Uhr, nachdem es 30 Minuten vollkommen windstill war, mit einer schweren Bö nach WSW, Stärke 12 und mehr."

Und Kapitän P. Duhme vom Dampfer „Tai-Cheong" berichtet folgendes: „. . . flaute der Orkan plötzlich ab, die Luft wurde durchsichtig, es kamen Mond und Sterne zum Vorschein und einige Seevögel umflatterten ängstlich das Schiff. Um Mitternacht, als der Wind ganz flau geworden war, erlangte das Barometer seinen tiefsten Stand; gleich darauf sah ich, wie der Rauch des Schornsteins gerade in die Höhe stieg und etwas später von SW zog. Mit Volldampf legte ich möglichst rasch das Schiff auf SW-Kurs. Der Wind frischte nun schnell aus SW wieder auf und fiel 15 Minuten, nachdem der windstille Raum über uns hinweggezogen war, mit unbeschreiblicher Stärke ein. Es war nur möglich,

„Rasmus" wäscht Deck.

Die unwiderstehliche Gewalt solcher Brechseen erkennt man deutlich an dem Spill der rechten unteren Ecke des Bildes. Stählerne Strecktaue werden längs Deck spannt, um den Verkehr zwischen Vor- und Achterschiff zu erleichtern.

Aufnahme A. J. Villiers.

Das ist bei weitem nicht so schlimm, wie es dem Laien scheinen mag. „Er schöpft," sagt man an Bord, und das gibt höchstens nasse „Plünnen." Aber —

das ist ein gefährlicher Bursch! Wenn der mit seinen Hunderttonnenlasten über die Verschanzung donnert, dann gibt's Kleinholz an Deck!

sich mit aller Kraft angeklammert gegen diesen Wind zu halten. Die zweizölligen eisernen Stangen des Schutzkleides der Brücke waren hinterher krumm gebogen. Von der furchtbar schweren See war wegen des strömenden Regens, des Wasserdunstes und Gischtes absolut nichts zu erkennen…"

Wehe dem Segler, der in diese Hölle gerät! Die Viermastbark „Robert Rickmers" ist 1904 bei solchem Wetter verschollen. Am 13. Juni hatte das Schiff mit 26 Mann Besatzung und einer Ladung von 75300 Kisten Petroleum Philadelphia verlassen, um nach Hiogo in Japan zu segeln. In der Lombock-Straße traf es am 4. Oktober mit der amerikanischen Bark „Alcides" zusammen. Beide Schiffe blieben bis zum 8. in Sicht voneinander, dann trennte sie ein aufziehender Taifun. Der Amerikaner kam mit dem Verlust seiner Takelage davon, von dem deutschen Segler hat man niemals mehr gehört. Der einzige Überlebende der Besatzung war der Decksjunge. Ihn hatte der Kapitän unmittelbar vor der Ausreise in Philadelphia wegen starker Halsschmerzen abgemustert und ins Krankenhaus gesteckt, trotzdem der 18-jährige ihn himmelhoch gebeten hatte, ihn doch auf die Reise mitzunehmen. Seit Jahren ist er Führer eines schönen Fracht- und Passagierdampfers. Er hat's nur einer schweren Mandelentzündung und der Unerbittlichkeit seines toten Kapitäns zu danken.

Die weite Südsee ist der Schauplatz vieler Seemannstragödien geworden. Einer ihrer furchtbaren Wirbelstürme überraschte die Bremer Bark „C. H. Wätjen" zwischen den Neuen Hebriden und Neuguinea. In zwei Stunden fiel das Barometer von 739 auf 702 mm, kurz hintereinander gingen die drei Masten über Bord. Dazu zerbrach die rasende See das Rudergeschirr. Sieben Tage und Nächte arbeitete die Mannschaft mit treuer Hingabe aller Kräfte, um die Luken und damit Schiff und Ladung zu retten. Als es am achten Morgen abflaute, war keiner ohne Verletzungen. Große Geschwüre durch das ständige Arbeiten im Salzwasser quälten unter der brennenden Sonne. Mit schmerzenden Gliedern warfen sie in den folgenden Tagen 13000 Kisten Petroleum über Bord, um das Schiff zu erleichtern, und riggten Notsegel und Notruder auf. In diesem Zustande rettete dieses wahrhaft heldische Häuflein deutscher Männer in einem neuen Sturm acht Mann der Besatzung der Hamburger Bark „Edith", die auf dem Nereus-Riff westlich von Neukaledonien gescheitert war. 1200 Seemeilen weit arbeiteten sie dann ihr

Schiff in seinem kläglichen Zustande bis in den Hafen von Hall Sound auf Britisch-Neu-Guinea, und retteten damit Reeder und Kaufmann in aufopfernder Treue das anvertraute Gut.

Die Orkane Westindiens fordern jährlich zahlreiche Opfer an Schiffen und Leben. Mit welcher Wut diese Unwetter hausen, kann man sich schwer vorstellen. „Stürmischer Wind" hat eine Geschwindigkeit von 17 m in der Sekunde. „Sturm" nennt der Seemann Wind von 20 m in der Sekunde. Das ist ein Wind, der große Äste von den Bäumen reißt und Dächer schwer beschädigt. „Orkan" endlich hat 30 m pro Sekunde. Am 16. September 1926 wurde auf der Wetterstation von Turks Island, einer kleinen Insel ungefähr 100 Seemeilen nördlich von Haiti, um 10 Uhr eine Windgeschwindigkeit von 16 m in der Sekunde registriert. Um 13 Uhr waren es 45 m pro Sekunde, kurz vor 2 Uhr 67! Um 2 Uhr flog das schwere Blechdach der Station mit allen darauf befindlichen Apparaten eine Meile weit davon. Derselbe Sturm bestrich auf seiner Wanderung die Küste von Florida. Er kostete 242 Menschen das Leben, den Sachschaden schätzte man auf 100 Millionen Dollars. Das „Auge des Orkans" ging über den Badeort Miami hinweg. Eine Stille von 35 Minuten herrschte inmitten der entsetzlichsten Zerstörung, dann setzte der mörderische Sturm wieder mit voller Wucht ein. 4700 Heimstätten lagen am folgenden Tage völlig in Trümmern, 9000 waren schwer beschädigt. Zwei- und dreimastige Schoner sowie kleine Dampfer waren von der Sturmflut, die der Orkan vor sich hertrieb, zwei Häuserblocks weit in die Stadt hineingeworfen worden!

Im Oktober desselben Jahres wurde der Passagierdampfer „Toledo" im Hafen von Habana auf Kuba von einem Orkan überrascht. Alle Vorbereitungen waren getroffen, beide Anker mit langer Kette ausgebracht, an Bord alles seefest gelascht. Da riß sich der 2000 Tonnen große amerikanische Fruchtdampfer „Atlantida" von seinem Liegeplatz los, trieb mit seinen schleppenden Ankern über die Ankerketten der „Toledo" hinweg und riß damit deren Anker aus dem Grund. Durch außerordentlich besonnene und geschickte Manöver mit den starken Maschinen gelang es der Leitung der „Toledo", eine Kollision zu verhüten. Um 10 Uhr wehte es wie rasend. Gischt und Regen machten die Luft so unsichtig, daß von der Brücke aus der hochragende Schornstein des eigenen Schiffes nicht mehr auszumachen war! Selbst die vollarbeitenden Maschinen vermochten gegen die gigantische Kraft des Orkans nichts mehr auszurichten. Langsam trieb die „Toledo" quer durch den Hafen. Eigene Lebensgefahr mißachtend rettete die Mannschaft noch die Besatzung eines sinkenden amerikanischen Schoners. Kurz darauf trieb das Schiff am Pier auf Grund und wurde unversehrt fest vertäut. Es war das ganze Manöver eine Glanzleistung umsichtigster Schiffsführung unter schwersten Umständen.

Der Hafen bot andern Tags ein trostloses Bild. Dutzende von kleinen Dampfern von Seglern und Leichtern waren gesunken oder zumindest schwer havariert. Mitten im Hafen lag die Dampfyacht des Präsidenten von Kuba in 12 m Wasser und mehrere große Dampfer waren vollgelaufen.

Die Gewässer bei Habana sahen im Jahre 1857 einen der schrecklichsten Unglücksfälle, als der Passagierdampfer „Central America" in einem Septemberorkan sank. Nur 173 der 592 an Bord befindlichen Menschen wurden von der Brigg „Marine" aus Boston den Wellen entrissen. Doch die verhängnisvollste Sturmkatastrophe ereignete sich 1894, als der chinesische Dampfer „Kow Shing" im Taifun mit 1150 Menschen in die Tiefe sank.

Unermeßlich ist der Materialschaden, den schweres Wetter alljährlich verursacht! Man denke, was es bedeutet, daß 1931 im März allein 22 Schiffe über 100 Brutto-Register-Tonnen und im Dezember desselben Jahres 23 im Sturm sanken! Auch große moderne Schiffe trifft es bisweilen. So die französische „Ville de Djibouti" von 4400 Tonnen, die im Cyklon bei Madagaskar blieb. Von der englischen „Vestris" mit ihren 10500 Tonnen ist bereits berichtet worden. Kaum 2 Wochen nach ihr ging der englische Dampfer „Chief Maquilla", 9400 Tonnen groß, im Taifun unter, genau einen Monat später an derselben Stelle ein 5000 Tonnen großer Japaner, die „Kobun Maru". Ein einziger Dezembersturm des Jahres 1929 kostete 8 Dampfer im Atlantik, darunter den englischen Tanker „Potomac" von 3900 Tonnen, die „Volumnia", ein 5600 Tonnen großes Kompagnieschiff der „Vestris" und die beiden je 5000 Tonnen großen Italiener „Chieri" und „Casmona", die beide am 7. XII. in der Nähe von Ushant sanken. Und wer gedächte nicht mehr des Unglücks der italienischen „Principessa Mafalda", der 1927 im Sturm die Schraubenwelle brach, und die innerhalb weniger Stunden sank, mit ihr 314 Menschen. Das gleiche Unheil traf den modernen englischen 7900-Tonner „Tahiti", der im August 1930 unterging. Es stellt der

Kunst deutscher Schiffsführer ein glänzendes Zeugnis aus, daß in den Verlustlisten der Welttonnage unter den im Sturm gesunkenen Schiffen so selten ein deutscher Name erscheint.

## Strandungen im Sturm.

Ungleich gefährlicher ist die Lage eines Schiffes, das in unmittelbarer Nähe des Landes, in einer engen Durchfahrt oder einer Flußmündung vom Sturm überrascht wird. Unwetter in Landnähe haben sogar dem Lauf der Weltgeschichte wiederholt eine unerwartete Wendung gegeben. Die Flotte Kublai Khans, auf dem Wege, Japan dem Weltherrscher zu unterwerfen, wurde 1281 von einem Taifun zwischen die Korallenriffe der ostasiatischen Inselwelt getrieben und vernichtet. Weiter gedenke man nur der Armada, Spaniens riesiger Seestreitmacht! Ein urkräftiger Nordsee-Puster zerstreute die stolzeste Flotte, welche die Welt je gesehen. Ohne diesen Eingriff höherer Gewalt wäre England wohl nie zu seiner Weltmachtstellung gelangt. Und es scheint, als ob die Stürme des Meeres sich Albions Heil ganz besonders angelegen sein ließen. Denn als der große Napoleon zum Übergang nach dem verhaßten Inselreich gerüstet hatte, zog er seine Schiffe im Kanal zusammen. Es wird berichtet, er habe vor dem großen Schlage auf einer Flottenschau bestanden. Seeleute rieten dringend ab. Sie kannten Himmel und Meer dieser Gegend, witterten den nahenden Sturm. Doch sein Unstern trieb den Eroberer, seinen Willen wider den Rat der Fachleute durchzusetzen. Die in dichten Reihen außerhalb des schützenden Hafens aufmarschierten Schiffe wurden durch die erste Sturmbö schon so schwer havariert, daß die Flotte für eine größere Aktion auf Monate hinaus unbrauchbar war. Der Übergang hat nie stattgefunden. England war abermals gerettet.

In frischer Erinnerung an der Nordseeküste steht noch das traurige Geschick des kleinen Hamburger Dampfers „Luise Leonhardt", dem am 23. November 1930 auf der Ausreise, eben nach Passieren von Elbe II Feuerschiff, die Ruderleitung brach, und der darauf von dem furchtbaren Nordwest dieser Tage auf den Groß-Vogelsand geworfen wurde und mit seiner gesamten 30 Mann starken Besatzung verloren ging. Am 6. Juli 1923 hatte der deutsche Dampfer „Rugia" Rio de Janeiro verlassen, um nach Buenos Aires zu dampfen. Außer der Besatzung befanden sich

220 Fahrgäste an Bord. Das Wetter war stürmisch und unsichtig, und ohne genaue astronomischen Berechnungen über den Standort des Schiffes mußte die Mündung des La Plata mit ihren gefährlichen Sänden angesteuert werden. Von Seezeichen oder von Land war nichts zu sehen. Lediglich auf seine genauen Ortskenntnisse und die Ergebnisse fortwährenden Lotens gestützt, dampfte Kapitän H. flußaufwärts zwischen der Insel Floresta und der flachen Englischen Bank hindurch, bei diesem Wetter ein Meisterstück der Schiffsführung. Als sicherer Ankergrund erreicht war, wurde das Schiff verankert. In den Abendstunden steigerte sich der Sturm zum Orkan. Das Verdeck war völlig von Brechern überspült. Boot 3 wurde weggeschlagen, Davits krumm gebogen. Alle Treppen, Sonnensegel und Ventilatoren waren in kurzem zertrümmert. Eine Verständigung von Mund zu Mund war unmöglich. Da brach kurz nach 9 Uhr die Backbord-Kette. Der Steuerbord-Anker allein konnte die gewaltigen Stöße nicht mehr aufnehmen. Sein Armstück brach, trotz Einsetzens äußerster Maschinenleistung trieb die Riesenkraft des Orkans das Schiff landwärts. Kaum eine halbe Stunde später stieß es zum ersten Mal auf. Wenige Minuten später war es gestrandet. Es kam eine furchtbare Nacht. Bei Hellwerden sah man etwa eine Seemeile stromaufwärts einen großen Engländer und einen Holländer hoch auf dem Trockenen liegen. Auf der anderen Seite lag der belgische 5000-Tonner „Devonian" auf Strand. Sowie das Wetter es gestattete, wurden von der tüchtigen Besatzung in den eigenen Booten sämtliche Fahrgäste heil und sicher gelandet. Das Schiff ist unter Leitung des Kapitäns wieder abgebracht worden, nachdem von seiner Seite 18000 Kubikmeter Sand weggebaggert worden waren, die Sturm und Strömung dort aufgehäuft hatten.

Es war das schlimmste Unwetter seit Jahrhunderten, einer der aus dem argentinischen Hinterland westwärts ziehenden Sturmwirbel, die man Pamperos nennt. Er zerstörte in Montevideo Häuser, die seit der Eroberezeit allen Stürmen getrotzt hatten. Die gewaltige von einer deutschen Firma aus Eisenbeton gebaute Außenmole wurde von der wütenden See zertrümmert, indem die mächtigen, vor der Mole als Wellenbrecher liegenden Steinblöcke hochgehoben und wie Rammklötze gegen den Kai gehämmert wurden.

Ein an felsiger Küste im Sturm strandendes Schiff ist meistens verloren, und die Leute auf ihm ebenfalls. So war es mit dem englischen Dampfer „Royal Charter". An der klippenreichen Küste der Irischen See lief er bei schwerem Sturm in die Felsen. Von 498 Menschen ertranken 459, und mit ihnen versank ein Goldtransport von 800000 Pfund Sterling. An den himmelstürmenden Felsmauern der Küste Chiles zerschellte 1928 der chilenische 3700 Tonnen große Dampfer „Angamos". 200 Leute fanden in der tosenden Brandung den Tod. Und der italienische Dampfer „Sirio" riß 1906 bei seiner Strandung an den Hormigas-Inseln, ungefähr 20 Seemeilen östlich von Cartagena, 385 Menschen in die Tiefe.

Wie oft wurden Segler in der Nähe von Vorgebirgen und Kaps bei schlechtem Wetter von unerwarteten Strömungen gegen das Land getrieben. Der Viermaster „Adolf Vinnen" ging dadurch 1923 bei Kap Lizard verloren. Nachmittags war das Schiff gestrandet. Noch am selben Tage wurde ein Teil der Besatzung durch den Raketenapparat der englischen Rettungsstation geborgen. Die hereinsinkende Dunkelheit unterbrach das Rettungswerk. Die Offiziere und ein Teil der Mannschaft durchlebten eine Schreckensnacht auf dem von Brechern umtosten Wrack. Stundenlang hingen sie festgebunden in den Wanten, bis gegen Morgen der Sturm nachließ und die Brandung abnahm. Keine Schiffslänge von der Strandungsstelle entfernt war 40 Jahre vorher der deutsche Dampfer „Mosel" gescheitert. Seine sämtlichen Passagiere, mehrere Hundert, wurden von der umsichtigen Besatzung ohne jedes Unglück mit Unterstützung der englischen Fischer in den eigenen Schiffsbooten gerettet. Wenige hundert Meter südlich strandete am 10. Februar 1912 die deutsche Viermastbark „Pindos". Auch deren Mannschaft wurde durch die Leute der Rettungsstation gelandet. Und kurz vor Kriegsausbruch scheiterte an fast derselben Stelle der Segler „Hera". Rettungsmaßnahmen waren bei dem mörderischen Wetter erfolglos. Die Mannschaft hatte sich in den noch stehenden Teilen der Takelage festgebunden. Durch das Dunkel der Nacht konnte man trotz des Donnerns der Brandung ihr Rufen hören, so dicht lag das Schiff an Land. Das Unwetter hielt an, dabei herrschte grimmige Kälte, und einer nach dem anderen der todmüden Leute stürzte aus der Takelage in die schäumenden Brecher, um in der Brandung zwischen den starrenden Klippen des Kap Lizard für immer zu verschwinden.

Vor einigen Jahren strandete die Hamburger Bark „Obotrita" auf den der belgischen Küste vorgelagerten Untiefen. Die Ausreise des Schiffes nach Callao war äußerst glücklich verlaufen. Von Belfast hatte man 83 Tage gebraucht, nur einen Tag mehr als den Rekord auf dieser Route.

Aber die Heimreise — 132 Tage von Callao bis vor die Schelde! 10 Tage hatte das Schiff gegen stürmischen Ost im Kanal gekreuzt, Nebel war dazugekommen, und als es sich endlich mühselig durch die Enge von Dover gearbeitet hatte, lief es einem ausgewachsenen Orkan aus Nordwest gerade in die Zähne. November war's, die Nächte kalt, auch ohne die klirrenden Hagelböen und den rauschenden Regen. Langsam drückte der Sturm das Schiff auf die Küste zu trotz geschicktester Manöver.

Als man in Lee durch Gischt und Regen etwas in Sicht bekam, was man mit gutem Grund für die Türme von Vlissingen halten mußte, wurde der Versuch gemacht zu ankern. Doch da holte „Rasmus" seine letzten Reserven zusammen. In einer heulenden Bö, die das Wasser in großen Fetzen wagerecht durch die Luft peitschte, warf er sich auf das ächzende Schiff. Donnernd brachen beide Ankerketten, wie Salutschüsse knallten die Sturmsegel und flogen in Fetzen davon. Hilflos trieb die „Obotrita" über die Bänke, umhüllt von der tobenden Hölle der Grundseen. Die ganze Besatzung befand sich auf dem erhöhten Achterdeck, jeder hatte sich fest an die Wanten gelascht, denn häufig standen sie bis zum Hals in den reißenden Brechern. Der erste Offizier war über Bord gewaschen worden. Es wurde Nacht. Da tauchte durch das Grauen ein schwacher Lichtschein auf — erlosch, leuchtete wieder auf, um gleich wieder zu vergehen. Ein Feuerschiff! Man befand sich also bereits ganz dicht vor der Küste! Schnurstracks trieb die Bark auf das blinzelnde Auge zu. Dort drüben spielte sich eine blutige Tragödie ab. Man hatte das treibende Segelschiff gesichtet, sah's mit jeder Minute näher kommen. Um einen bei diesem Wetter verhängnisvollen Zusammenstoß zu vermeiden, sprang der Kapitän des Feuerschiffes selbst ans Ankerspill, um die Ketten zu fieren und so das eigene Schiff ausweichen zu lassen. Mit äußerster Anstrengung löst er die schweren Bremsen. In dem Moment bricht eine hohe See über die Back hinweg, der Kapitän stürzt und gerät im Fallen mit einem Arm unter die ausrauschende Kette. Das Schiff stampft in die See, und der Arm wird dem Manne an der Schulter glatt abgerissen. Ehe seine Leute in der Dunkelheit den Unfall bemerken, verblutet der Kapitän, nachdem er mit letzter Kraft die auslaufenden Ketten durch die Bremsen wieder abgestoppt hat.

Um wenige Meter nur treibt die „Obotrita" an dem Feuerschiff vorüber. Von ihrem Achterdeck steigt Rakete nach Rakete auf — „Helft uns, wir verderben!" Dampfer antworten, kommen näher. Aber sie dürfen mit ihrem größeren Tiefgang dem Segler nicht auf die Untiefen folgen. Ein Boot aussetzen lassen in dieser Nacht, das kann kein Schiffsführer verantworten. Es wäre Mord an der Bootsbesatzung! Weiter geht's der Küste zu. Da — ein Beben läuft durch das Schiff, die Masten schwanken. Noch einmal hebt die See das Schiff hoch, um es mit schmetterndem Krach auf Grund zu setzen. Über ein festsitzendes Schiff geht die See unbarmherzig hinweg. Zwischen den Zähnen knirschte den halb erstarrten Leuten der Sand, den die Brecher ihnen über die nach Luft schnappenden Köpfe wusch. Aber noch hatte es keine Ruhe gefunden. Es war bei Ebbe aufgelaufen. Knapp zwei Stunden später hatte das steigende Wasser es über diese Bank gehoben, wieder trieb es näher auf die Küste zu. Doch schien der Orkan abzuflauen, die Wolken zerrissen und der Mond kam durch. Nun entschloß sich der Kapitän, das Schiff auf den Strand zu setzen. Ein heiles Segel hatte man noch, das Vorobermarssegel. Über Deck nach vorne zu gelangen erforderte Mut. Aber sie schafftens doch, die deutschen Jungen. Noch wie sie auf dem überspülten Deck um ihr Spill laufen und die Raa heißen, kommen im Mondlicht eine Reihe schwarzer, viereckiger Klumpen in Sicht. Es waren die Badehotels am Strande zwischen Ostende und Blankenberghe. Eine Viertelstunde später saß die „Obotrita" endgültig fest. Es war ein Uhr nachts.

Alle Versuche der Rettungsstation Blankenberghe verliefen fruchtlos. Sich weiter den wütenden Hieben der Brecher aussetzen, hatte keinen Zweck. Zwei Mann blieben darum an Deck, um weiter Notsignale zu geben und um Ausguck zu halten, die ganze übrige Mannschaft suchte in der Kajüte, dem sonst verbotenen Allerheiligsten, Schutz. Und da taten sie nun, was Janmaten in solcher Lage schon immer mit großem Eifer getan haben — sie futterten mit Hingabe des Kapitäns guten Proviant auf, all die Herrlichkeiten, die vor dem Maste höchstens im Traume erscheinen — Gänseleberpastete, Dosenlachs, gute holsteinische Butter. Janmaat bekommt ja seit der Erfindung der Margarinekühe nur Walfischbutter! Warum sollten die schönen Sachen alle ins Wasser fallen —! Keiner ließ sich nötigen — keiner hatte ja auch seit 36 Stunden etwas genossen. Da sie auch das Anfeuchten nicht vergaßen, stieg die Stimmung umgekehrt proportional dem Schwinden der leckeren Vorräte des Allgewaltigen. Und es war gut so. Denn kurz vor Tagesanbruch heulten noch ein paar Böen über die Nordsee, die jede Minute das Auseinanderbrechen des Schiffes befürchten ließen. Und so etwas muß man an Deck

Der englische 5000-Tonner „Lucille de Larrinaga" strandete bei nebligem Wetter im Eiswinter 1929 auf der Elbe. Er wurde durch die deutschen Bergungsdampfer „Simson", „Seeteufel", „Reiher", „Athlet" und „Hermes" wieder flott gemacht.

Der Dreimastschoner „Eva" geriet im Nebel auf den Strand der mecklenburgischen Küste nordöstlich von Lübeck.

Am Morgen nach der Sturmnacht.
Die Hamburger Bark „Obotrita" auf dem Strande bei Blankenberghe-Belgien.

abwettern, denn in der geschlossenen Kajüte wie eine Maus in der Falle absaufen, das ist das Schlimmste, was ein Seemann sich vorstellen kann. An Deck unter Gottes freiem Himmel, da war man daheim, da hat man gekämpft und hier will man auch bleiben, wenn es einmal sein muß!

Aber auf der „Obotrita" mußte es zum Glück nicht sein. Mit Hellerwerden nahm der Sturm ab. Ein belgischer Regierungsschlepper ließ von See her an einem Tau ein großes Rettungsboot an das Schiff herantreiben. Als sie sich alle darin verstaut hatten, wurde losgeworfen. Die See packte das Boot — ungestüm wurden sie ein Dutzendmal hinauf- und hinabgeschleudert, eisig umbrauste es sie — und dann hatten sie die Brandung hinter sich und stolperten auf müden Beinen zerschlagen und zerrissen denselben Sandstrand hinan, auf dem sich 10 Wochen vorher noch zierliche Badeschönheiten sonnten. Im Herzen brannte still die Trauer um ihren Ersten Offizier.

Der Stolz der einstigen Hamburger Seglerflotte, das Fünfmastvollschiff „Preußen", sollte ebenfalls durch Strandung enden. Am 31. Oktober 1910 hatte sie Hamburg verlassen, niemand dachte, daß es das letzte Mal sein könnte. Mitternacht vom 5. zum 6. November kollidierte sie mit dem 1100 Tonnen großen englischen Dampfer „Brighton". Ganz eindeutig lag dem Dampfer nach dem Seerecht die Pflicht des Ausweichens ob. Entgegen jeder seemännischen Vorsicht wie den gesetzlichen Bestimmungen versuchte der Engländer, noch vor der „Preußen" vorüberzukommen, da fuhr schon der Vorsteven des gewaltigen Schiffes auf ihn zu, fegte ihm Vormast und Schornstein glatt weg und biß ihm eine tiefe Wunde in die Flanke. Aber auch der Segler war leck und hatte Schäden an der Takelage. Er drehte bei, um Dover als Nothafen anzulaufen und dort zu reparieren. Doch die bis dahin steife Brise war inzwischen zum Südweststurm geworden. Die Takelage eines Großseglers hat einen riesigen Windfang. Um das Schiff sicher in die enge Einfahrt zwischen den Molen von Dover hineinzubugsieren, wurden drei starke Schlepper angenommen, der englische „Alert", der belgische „John Bull" und der deutsche „Albatroß". Gerade im ungünstigen Augenblick, als die „Preußen" sich dicht vor der Einfahrt und quer zum Wind befand, brach die Trosse von „John Bull". Blitzschnell hatte Kapitän Nissen die Gefahr erkannt. Durch ein gewagtes, nur dem vollendeten Meister erlaubtes Segelmanöver stoppte er sein Schiff. Schon machte es Fahrt achteraus, glitt rückwärts aus der gefährlichen Enge in tieferes und freieres Wasser

— da streift das Vorschiff über einen Stein, halt — mit Macht drückt der wütende Sturm das Hinterschiff herum und so geschieht es. Breitseits treibt dieses herrliche Meisterwerk deutscher Schiffbaukunst auf den steinigen Strand der englischen Kreideküste. Trotz äußerster Anstrengung der 48 Mann starken Besatzung gelang es nicht, das Schiff abzubringen. Aber alle Mann konnten zum Glück geborgen werden.

Dicht vor dem Hafen hat schon manches Schiff sein Geschick ereilt. Im September 1929 erst war es, als ein großer englischer Tankdampfer, die „San Dunstano", in der Hafeneinfahrt von Tampico (Mexiko) auf die Mole geschleudert wurde und total aufbrach. Und am 5. Februar 1933 trieb ein Sturm den Brasilianer „Aracaruba" auf den Wellenbrecher von Rio Grande. Das Schiff lief voll, und die wertvolle Stückgutladung wurde total verdorben. Erst wenige Jahre ist es her, als 10 Tage vor Weihnachten der riesige 21 180 Tonnen große englische Passagierdampfer „Celtic" auf Roches Point unmittelbar vor Queenstown in Irland auflief. Und im September 1929 strandete ein anderer englischer Passagierdampfer, die 7500 Tonnen große „Highland Pride", auf den Carallones-Klippen dicht vor Vigo und brach auseinander.

Noch zahlreicher sind die Unfälle, die Schiffe durch Stranden im Hafen erlitten. Sturm über dem engen Raum eines Hafenbeckens muß zu gefährlichsten Situationen führen. Innerhalb von drei Tagen im Januar 1931, an denen ein heftiger Sturm über das Schwarze Meer brauste, strandeten und zerbrachen in Odessa und den türkischen Häfen 7 Dampfer.

Segler trifft ein Unwetter im Hafen besonders hart. Der Windfang ihrer Masten und Raaen ist es, der Ketten und Anker aufs härteste beansprucht und häufig genug zum Brechen bringt. In vielen großen Häfen bestand darum die Vorschrift, daß Segler ihre oberen Raaen, mitunter auch die Bramstengen, für die Hafenliegezeit wegzunehmen hatten. Und selbst diese kluge Maßnahme schützte nicht immer vor Katastrophen. Der Sturm vom 1. September 1902 schmetterte drei deutsche Segler im Hafen von Port Elizabeth (Ostafrika) auf Strand. Die 15 Mann der Bark „Arnold" konnten sich alle retten. Vom Vollschiff „Coriolanus" ertrank der Zimmermann, jedoch von der 14 Mann starken Besatzung der Bark „Nautilus" blieben der Kapitän und mit ihm 11 Mann in der Brandung.

Ein Juliorkan riß in Hamelin Harbour drei Segler von ihren Ankern, darunter die deutsche Bark „Kathinka", und warf sie in die Klippen. Furchtbare Seen brandeten über das hilflose Schiff. Der Erste Offizier und ein Mann wurden von der fallenden Takelage erschlagen. Drei Mann ertranken stehend, so wie sie sich an die Reeling festgebunden hatten. Denn 24 Stunden mußten die Ärmsten auf dem ständig überspülten Wrack aushalten, ehe sie geborgen werden konnten. Sie waren mehr tot als lebendig, und zwei Leute erlagen noch nachträglich im Hospital den grausamen Strapazen.

Berüchtigt ihrer Stürme wegen ist die Ankerreede von Valparaiso. Von Norden herab fegen die Küste entlang verheerende Unwetter, die Norder. Noch liegen die letzten Trümmer der großen deutschen Viermastbark „Petchili" auf den Steinen des Hafendammes, wohin sie der große Norder von 1917 schmetterte, der in den chilenischen Häfen 33 Schiffe vernichtete. In einer schaurigen Sturmnacht war im Juli 1905 die Hamburger Bark „Steinbek" an fast der gleichen Stelle gestrandet, an welcher die „Petchili" liegt. Die ganze lange Winternacht hindurch standen die Leute in den Wanten festgebunden. Kajüte und Deckshaus waren zertrümmert, das Deck ein kochender Hexenkessel. Der Kapitän hatte seine junge Frau in Decken gewickelt neben sich festgelascht. Ununterbrochen rasten die Böen über sie hin. Nur wer die unausdenkbare Wut dieser Winterstürme kennen gelernt hat, weiß, was es bedeutet, eine volle Nacht schutzlos dem unerbittlichen Wüten eines chilenischen Norders preisgegeben zu sein. Als der Morgen graute, mußte der Kapitän erkennen, daß er eine Tote im Arm hielt, vielleicht schon seit Stunden.

## Nebel lockt Schiffe an die Klippen.

Nächst dem Sturm ist wohl der Nebel der unbarmherzigste Feind der Seemannes. Schleichend und tückisch hat er auf stillen Sohlen schon viele gute Schiffe gemordet und ein Meer von Tränen fließen lassen. Denn wie Mord feigster Art mutet es an, was Nebel dem Hamburger Dampfer „Acilia" antat. Am 27. Oktober 1913 war das 5700 Tonnen große Schiff von Coronel (Südchile) nach Montevideo ausgelaufen. Am 1. November morgens wurde es zum letzten Mal gesichtet, und zwar vom Dampfer „Sebara" aus Hamburg. Da befand sich das Schiff dicht vor der Einfahrt in die Felsengen der Magellanes-Straße. Seitdem blieb es verschwunden. Am Tage nach Neujahr dampfte der chilenische Aviso „Porvenir" von Punta Arenas ab, um dem vor der Einfahrt zur Magellan-Straße gelegenen Evangelistas-Leuchtturm Proviant zu bringen. Unterwegs meldete ihm der Kapitän des chilenischen Fischkutters „Sara“, er habe von Eingeborenen gehört, daß ein großer Dampfer im Sarmiento-Golf in tiefem Wasser gestrandet sei. Auch habe er dort viele Schiffstrümmer getroffen. Die „Provenir“ durchforschte darauf die Gegend. Im Montt-Kanal, einer engen Felspassage, fanden sie einen Toten treibend. Eine Schwimmweste hielt ihn über Wasser. In seinem Zeug steckte ein deutsches Seefahrtsbuch, dessen Eintragungen das Wasser noch nicht ganz unkenntlich hatte machen können. Der Tote war ein Heizer der „Acilia“. Einige hundert Meter weiter fischten sie den Dritten Offizier auf. Von den übrigen 50 Mann fehlt jede Spur. Zwischen den Klippen der Sarmiento-Bucht entdeckte man Ladungsreste und Trümmer von Schiffsbooten, und bei den eingeborenen Fischern fanden sich einige Bootsriemen, die den Namen „Acilia“ eingebrannt trugen.

An Steilküsten, wie am Schauplatz dieser Tragödie, tritt häufig eine besonders gefährliche Art von Nebel auf. Der feuchtwarme Seewind wird von den Küstenbergen zum Aufsteigen gezwungen. Dabei kondensiert seine Feuchtigkeit, in dicken, undurchdringlichen Schwaden haftet der Nebel an den Felsgraten. Kein warnendes Leuchtfeuer vermag den Schleier zu durchdringen. Wie eine Tarnkappe verbirgt er dem Seemann die schrecklich nahe Gefahr. Wenn man von See, auf solche vernebelte Küste zusteuernd, obendrein den Mond im Rücken hat, dann kann man ahnungslos mit voller Kraft darauf losdampfen. Man glaubt, vor sich in unendliche, monddurchschimmerte Weiten zu schauen, zumal sich zu Häupten klarer Sternenhimmel wölbt — bis man vor dem Steven die Brandung aufschäumen sieht. Und dann ist es zu spät! So wurde der von Ostafrika heimkehrende Dampfer „Kurfürst“ ins Verderben gelockt. Am 5. Mai 1904, kurz nach zwei Uhr nachts rannte er gegen die achtzig Meter senkrecht aufragende Mauer der spanischen Küste beim Kap St. Vinzent. Das auf der Landecke stehende Blitzfeuer ist bei sichtiger Luft auf 25 Seemeilen und weiter sichtbar. Draußen auf See war's klar, hell leuchteten die Sterne — die Felsenkante verhüllte der tückische Nebel. Der vorzüglichen Disziplin und dem seemännischen Können der Besatzung gelang es, die Passagiere ohne eine einzige Ausnahme sicher und unverletzt zu landen, an dieser Steilküste eine Leistung von hohem Wert. Schon am folgenden Tage brach das schöne 5654 Tonnen große Schiff auseinander und ging gänzlich verloren.

Anders liegen die Strandungen, bei denen Schiffe sich selbst seit Stunden, mitunter schon tagelang innerhalb einer Nebelzone befanden. Nur der Fachmann vermag die ungeheuren Schwierigkeiten des Auffindens einer richtigen Einfahrt, einer engen Durchfahrt zwischen Inseln und Klippen unter solchen Umständen richtig einzuschätzen. Man versuche einmal, mit geschlossenen Augen wenige Minuten lang zwischen den Möbeln des eigenen wohlvertrauten Zimmers umherzulavieren. Und dann denke man daran: der den Türpfosten leicht streifende Ärmel — das ist ja bereits die entscheidende Strandung, die „Grundberührung", wie der Seemann sagt, die dem Schiffe seine Bodenplatten wie eine bessere Garagentür aufreißt! Allerdings soll durchaus zugegeben sein, daß mitunter auch ein gewisser Grad von Unvorsichtigkeit mit ursächlich für derartige Unfälle wurde. So vielleicht im Falle des englischen Großschiffes „Highland Hope". Bei sehr diesigem Wetter steuerte dieser Dampfer an der Küste Portugals entlang heimwärts. Es mag sein, daß er sich den Umständen entsprechend ein wenig zu sorglos dem Lande nicht fern genug hielt. Mit hoher Fahrt lief der neue 14 000-Tonner auf die Farilhões-Klippen, eine knapp über das Wasser ragende Gruppe nadelscharfer Felsen einige Stunden nördlich von Lissabon. Von dem darauf brennenden grünen Feuer hatte man nichts gesehen. Das Schiff blieb fest sitzen. Bei dem ruhigen Wetter machte es keinerlei Schwierigkeiten, sämtliche Fahrgäste nach Belize, dem nächstgelegenen Ort auf dem Festlande, zu bringen. Knapp zwei Jahre vorher, im Januar 1928, strandete auf denselben Klippen der italienische 6000-Tonner „Cadore", mit Kohlen auf der Reise Bremen—Venedig. Und vor einem Jahre mußte der 4000 Tonnen große Grieche „Sappho" an derselben Ecke seine Laufbahn beschließen. Nordwestlich des äußersten Nordens von Schottland ragt aus tiefem Wasser eine einsame Felsnadel auf, das nur von Seevögeln besuchte Inselchen Rockall, „Nur Fels". In einer Nebelnacht des Jahres 1904 strandete hier der dänische Dampfer „Norge". 580 Menschen sanken mit seinen Trümmern in die Tiefe. Und kein Monat vergeht, in dem nicht mehrere Schiffe verloren gemeldet werden, die durch Nebel in die Klippen geführt wurden.

## Unbekannte Felsen.

In den Zeiten der Entdeckungsreisen war es etwas Alltägliches, daß Schiffe auf unbekannten Untiefen scheiterten. Doch seit einem Jahrhundert sind alle Karten vervollkommnet und neue, genauere Lotmethoden erfunden worden, die dem Seefahrer ein hinreichend getreues Bild von der Bodengestalt seiner Reiseroute geben. Nur selten noch kommt die Meldung von einer Strandung auf bisher unbekannten Klippen. Im Januar 1905 lief der 7660 Tonnen große Dampfer „Bengalia" auf der Reise von Cardiff nach Batavia in der Nähe der Küste von Madagaskar auf. Vier Tage noch saß das Schiff, dann veränderte sich seine Lage so, daß es abrutschte und ins Bodenlose sank. Keine Brandung, keine Verfärbung des Wassers hatte vor der Gefahr gewarnt. Der Kurs war nach Seemannsbrauch in gehörigem und sicherem Abstande von der Küste gewählt worden. Die besten Seekarten zeigten an der Strandungsstelle und in meilenweitem Umkreise tiefes Wasser. In einer der belebtesten Durchfahrten des Weltverkehrs, der Straße von Gibraltar, lief einige Jahre nach dem Kriege der Hansadampfer „Gutenfels" auf eine Klippe und ging verloren. Auch hier wiesen die deutschen, englischen und sogar die Spezial-Vermessungskarten der spanischen Behörde beträchtliche Wassertiefen auf. Trotz vielfacher Messungen und Lotungen war diese Nadel den Forschungsschiffen bisher entgangen.

Ein äußerst gefährlicher Faktor bei der Festsetzung des Kurses ist Stärke und Richtung des zur Zeit herrschenden Stromes. Jede zuverlässige Abschätzung wird sehr erschwert durch den Umstand, daß sogar die mächtigen Strömungen der offenen Ozeane durch Wind und Wetter stark beeinflußt werden. Die Strömungen küstennaher Gewässer jedoch werden häufig durch besondere Windverhältnisse bis ins Gegenteil verändert. Wo man nördlichen Strom erwarten mußte, findet man sich nach Süden versetzt. Daher ist es kein Wunder, wenn die peinlich durchgeführten Untersuchungen der Seeämter als Ursachen der meisten Strandungen Stromversetzung angeben. Vor wenigen Jahren geriet der Hamburger Dampfer „Hoechst" auf der Heimreise von Ostasien auf die Korallenriffe der Insel Minikoi. Es stellte sich heraus, daß westlicher Strom dort gestanden hatte, wo Erfahrung und Fachliteratur eine östliche Strömung erwarten ließen.

Eines der schönsten Schiffe der deutschen Handelsflotte ging aus der gleichen Ursache verloren, das 13 900 Tonnen große Motorschiff „Monte Cervantes" aus Hamburg. Das beliebteste Schiff im südamerikanischen Touristenverkehr, durchsteuerte es vollbesetzt mit 1117 Passagieren und 330 Mann Besatzung die landschaftlich herrlichen Kanäle der Inselwelt Feuerlands. Einen Tag hatte es in Ushuaia vor Anker gelegen. Am 21. Januar 1930 wurde Anker gelichtet. Man wollte nach dem malerischen Yendegaia 15 Seemeilen westlich dampfen. Bei frischer Brise herrschte wundervolles klares Sommerwetter. Alles befand sich in bester Reisestimmung. Kapitän Dreyer hatte von zahlreichen Reisen durch die engen Fjorde Norwegens und Spitzbergens sowie von ähnlichen Feuerlandreisen weitgehende Erfahrungen in der Führung großer Schiffe durch schmale Kanäle. Ihm zur Seite stand als Berater ein in diesen Gewässern ergrauter deutscher Kapitän aus Buenos Aires. Das modernste und beste Navigationsmaterial stand zur Verfügung. Mit 14,5 Knoten Fahrt steuerte das Schiff in den Eclaireur-Paß ein. Die Durchfahrt ist eine Seemeile breit. Beide Ufer sind von Untiefen umsäumt, doch die Mitte des Kanals ist nach Spezialkarten und Seehandbüchern frei von allen Klippen. Riffe sind in jenen Gewässern weithin kenntlich. Darauf wachsende dichte Kelpfelder lassen durch Verfärbung des Wassers die Gefahr erkennen. Nach der vorzüglichen Kreiselkompaßanlage wurde das Schiff genau in der Mitte der tiefen Fahrrinne gehalten.

Da sieht der Kapitän plötzlich dicht vor dem Schiff einen winzigen Fleck Algen. Unverzüglich läßt er das Ruder überlegen, doch gleich darauf stößt das Schiff vorne hart und mit hörbarem Krachen auf. Bald fängt das Vorschiff an wegzusinken. Durch das musterhafte Verhalten der Mannschaften verlor sich auch bei den Passagieren schnell jede Aufregung. Die ruhigen Kommandos von Kapitän und Offizieren, das manövermäßig exakte Arbeiten der Leute mußte Vertrauen einflößen. Fünfzig Minuten nach dem Grundstoß waren sämtliche 1117 Passagiere in den Booten in sicherer Entfernung vom Schiff, eine Leistung, der selbst die ausländische Fachpresse ihre Anerkennung nicht versagen konnte. Mit 40 Mann war der Kapitän an Bord geblieben. Um ein Wegsinken des Schiffes in tiefem Wasser zu verhindern, setzte er es an einer geeignet erscheinenden Stelle auf Strand. Bereits nach zwei Stunden kam auf drahtlosen Anruf der argentinische Transporter „Vincento Lopez" und nahm 800 Passagiere auf. Der Zweite Offizier nahm zwei volle Boote in Schlepp seiner Barkasse und brachte sie so als erster sicher nach Ushuaia. Andere Boote waren an einer günstigen Stelle gelandet, man wollte den Ort zu Fuß erreichen. Es sollte daraus ein richtiges Abenteuer werden. Unter Führung eines mehr als halbnackten Eingeborenen marschierte dieser Zug von 500 Menschen fast sechs Stunden durch Urwald und Geröll, bis sie den Ladeplatz einer Sägerei erreichten. Von dort holte sie die „Vincento Lopez" ab und brachte sie ebenfalls nach Ushuaia. Keiner der 1100 Fahrgäste hatte auch nur einen Finger verstaucht!

Inzwischen arbeitete der Kapitän mit seinen Leuten rastlos an der Bergung des Passagiergepäcks und des Proviants. Erst die Nacht zwang zur Ruhe. Alle, auch der Kapitän, begaben sich auf eins der nahen Inselchen und schliefen dort einige Stunden. Das erste Licht sah sie wieder am Werk. Boot um Boot mit Gepäck, Bettzeug und Lebensmitteln wurde abgefertigt. In bester Kameradschaft arbeiteten deutsche Seeleute mit den Marinemannschaften des Argentiniers. Wieder brach der Abend herein. Das Lager von voriger Nacht sollte auch diesmal bezogen werden. Nur Kapitän Dreyer gab seinem Steward den Auftrag, seine Koje an Bord in Ordnung zu bringen. Er wollte die Nacht in seiner Schlafkammer verbringen, da das Schiff augenscheinlich ja fest und sicher säße. Da kam der Zweite Offizier und äußerte gegen dieses Vorhaben ernste Bedenken. Bei Hochwasser habe sich das Schiff merklich bewegt, man wisse nicht, was die Nacht bringen könnte. Darauf entschloß sich auch der Kapitän, die Nacht an Land zu verbringen. Der Zweite und der Steward verließen das Kapitänszimmer. Während noch die letzten Leute über eine Lotsentreppe in die Barkasse stiegen, legte sich plötzlich das Schiff hart nach Steuerbord über. Hastig legte das Boot ab. Da sahen sie hoch oben auf der Brücke den Kapitän mit Mühe zur Reeling hinaufklimmen. Dort klammerte er sich fest, zog seinen Rock aus, der ihm augenscheinlich hinderlich war, und legte einen Rettungsring um. So stieg er über die Reeling, um sich die schrägliegende Bordseite zum Boot hinabgleiten zu lassen. Schon war er einige Meter tiefer gerutscht, da fiel das Schiff noch weiter über, durch den Ruck verlor der einsame Mann das Gleichgewicht, stürzte in die Öffnung des Promenadendecks, und der kenternde Koloß riß ihn mit unter Wasser. So starb Kapitän Dreyer pflichttreu bis zum letzten Augenblick als einziger von den 1450 Menschen, die sein Schiff getragen hatte.

Schiffskatastrophen größten Ausmaßes haben häufig die großen Erdbeben an Küsten oder Seebeben begleitet. Als der 1680 „erloschene“ Vulkan auf der Insel Krakatau zwischen Java und Sumatra in der Nacht vom 26. zum 27. Mai 1883 in gewaltiger Explosion die Insel sprengte und über die Hälfte des 33 Quadratkilometer großen Eilands ins Meer versank, da sandte dieser Einbruch die furchtbarste Flutwelle aus, welche die Menschengeschichte kennt. Ein steil sich auftürmender, kompakter Wall von 20 m Höhe, so wälzte sich diese gigantische Woge über die Inselwelt der Umgegend. Die auf Reede vor Anker liegenden Schiffe wurden über die Häuser des Hafens hinweg tief ins Dschungel hineingeschleudert. Viele Dutzende großer europäischer Schiffe verschwanden in jener Schreckensnacht, Tausende von Prauen und Dschunken teilten ihr Schicksal und mit ihnen Zehntausende von Seeleuten. Bis zum Kap Horn hinab machte sich eine hohe Dünung bemerkbar.

Die Küsten des Pazifischen Ozeans sind seit jeher von grimmigen Schauern geschüttelt worden. In Chile unterscheiden die erdbebengewohnten Leute drei Phasen. Zuerst kommt ein Vibrieren des Bodens, der "temblor" genannt. Man hat das Gefühl, als ob unter den Füßen ein gigantischer Motor arbeite. Dann der "terramoto", das eigentliche Beben. Den Abschluß dieses reizvollen Programms bildet dann die Flutwelle, oft zeitlich in größerem Abstande, damit die Menschen für die Aufnahme dieser neuen Überraschung Sammlung finden. Am 13. August 1868 erschauerte die Westküste von Iquique bis Callao. Das 60 Seemeilen binnenlands liegende Arequipa wurde völlig in Trümmer gelegt. Eine halbe Stunde nach dem Beben kam die Welle in Arica an, nicht sehr hoch. Gerade groß genug, um die Leichter auf der Reede zu zerschmettern. Neckisch wich das Wasser zurück, und die großen Segler, die vorher in 8 Faden Wasser geankert hatten, saßen nun plötzlich auf Grund! Doch dann holte der Satan, der die Regie hatte, zu seinem großen Coup aus. 18 m hoch, eine brodelnde Masse von Wasser und Schlamm und Geröll, so stürzte sich das entfesselte Meer auf das Land. Die Trümmer der peruanischen Fregatte „Americana“ fanden sich 300 Meter innerhalb der Hochwassergrenze! 180 Mann und fast sämtliche Offiziere blieben dabei. Die Liverpooler Bark „Chanarcillo“ saß noch 200 Meter weiter binnenlands. Drei große Segler waren durcheinander in die Steine gewirbelt worden, daß sie nur ein einziges untrennbares Wirrwarr bildeten. Nicht ein Mann ihrer Besatzungen hat diese beispiellose Flutkatastrophe überlebt.

Doch als am 15. August 1906 das ganze Valparaiso in wenigen Minuten in Trümmer gelegt wurde, blieb die gefürchtete Flutwelle wider Erwarten aus. In dichten Reihen lagen Dutzende von großen Seglern und Dampfern auf der Reede. Wie hypnotisiert standen die Besatzungen an Deck, starrten hinüber zu dem Meer von Flammen und Rauch, wo eben noch die weiße Stadt sich türmte, und harrten des eigenen Verderbens, das nach allen Erfahrungen mit jeder Minute über sie hereinbrechen würde. Sie wußten, bei dieser Fülle von Schiffen mußte es entsetzlich werden. Doch Viertelstunde auf Viertelstunde verstrich, und nichts geschah. Die unbegreiflich launische See, diesmal blieb sie ruhig. Allein neun große deutsche Segler lagen im Hafen. Als erstes Schiff setzte der Hamburger Viermaster „Pommern" seine Boote aus und schickte seine Besatzung an Land, um den gastfreundlichen Chilenen in ihrer Not zu helfen. Alle anderen Schiffe folgten diesem Beispiel. Und so wurden an diesem Tage die Rollen vertauscht. Hunderte von chilenischen Familien, deren Heim in Schutt und Asche lag, fanden Gastfreundschaft auf den fremden Schiffen. Und manch verzweifeltes Menschenkind wurde von den entschlossenen Seeleuten dem sicheren Tode in den Flammen entrissen.

Das geplagte Japan könnte man das klassische Land der Erdbeben nennen. Registriert doch die seismologische Station in Kumamoto jährlich 500 Beben! Die geographische Eigenart des Landes bringt es mit sich, daß jedes größere Beben von verheerenden Flutwellen begleitet ist. So wurde bei dem furchtbaren Unglück im September des Jahres 1923 die Stadt Ito durch eine einzige Welle fortgerafft. Der Dampfer „Telma City" ging mit 139 Passagieren verloren, fast keiner der vielen großen Dampfer im Hafen von Yokohama kam ohne schwere Beschädigungen davon. 10 m hoch jagte eine Welle nach der anderen ins Land hinein. Das geschah zu derselben Zeit, als unser armes Vaterland unter den Papierwellen einer nicht minder gefährlichen Springflut fast ertrank, denn am gleichen Tage kostete ein amerikanischer Dollar in Berlin 12 325 000 deutsche Mark. Am folgenden Tage waren die Bonin-Inseln, eine Gruppe von etwa 20 Eilanden mit 5000 Menschen darauf, verschwunden.

Es bedürfte sicherlich eingehenderer Forschungen, um zu entscheiden, ob zwischen Erdbeben und Vulkanausbrüchen einerseits und schweren

Stürmen ein ursächlicher Zusammenhang besteht. Merkwürdige Zusammentreffen zwischen solchen Katastrophen lassen sich beobachten. Der Cyklon, in dem die „Ehrenfels" blieb, raste am gleichen Tage, an dem der Hauptausbruch des Mont Pelée auf Martinique die Stadt Saint Pierre mit ihren 29000 Einwohnern begrub. Und zugleich mit dem einige Tage vorher erfolgten Ausbruch des Monte Solfatara auf der westindischen Insel St. Vinzent und einiger Vulkane des mittelamerikanischen Festlandes zog ein Wirbelsturm von beispielloser Heftigkeit über den Golf von Bengalen. Zwei große Dampfer fielen ihm zum Opfer, die englische „Hermod" und die französische „Camorta", mit welcher 739 Menschen versanken! Als am 18. April 1906 das gräßliche kalifornische Beben in San Francisco 28000 Häuser in Schutt legte, da befand sich das Vollschiff „Comte Smet de Naeyer", das damalige belgische Schulschiff, auf ungefähr 47° Nord und 12° West. Es stand ein mäßiger Wind bei leicht bewegter See. Ganz plötzlich wälzten sich mehrere ungeheure Wellen über das Schiff. Im Nu war das Deck ein Chaos von fallenden Takelageteilen und splitternden Booten. Von der 61 Mann starken Besatzung wurden 35 erschlagen oder ertranken in dem Aufruhr. Ebenso unvermittelt wie das Unheil gekommen war, zogen die Wellen weiter und ließen die See ruhig wie vorher. Das Schiff war ein vollkommenes Wrack. Die 26 Überlebenden wurden, teils schwer verletzt, 11 Stunden später von der französischen Viermastbark „Dunquerque" aufgenommen.

In beiden Fällen liegt der Schauplatz der Schiffskatastrophen in ungefähr derselben geographischen Breite wie der Herd des Erdbebens und von diesem 180° in der Länge getrennt, also um den halben Erdumfang. Ob hier tiefere Zusammenhänge zugrunde liegen, oder ob nur ein Zufall beide Naturereignisse gleichzeitig eintreffen ließ, das dürfte so ohne weiteres nicht zu entscheiden sein.

## Kollisionen.

Wenn die Seeleute aus den ganz engen Winkeln der Nordsee und dem Kanal heraus sind und die „lange Chaussee" vor sich haben, dann pflegen sie mit erlöstem Seufzen zu sagen: „So! Jetzt woll'n wir'n laufen lassen. Hier draußen rennt man ja keinem Bauern das Fenster mehr ein!" Das stimmt wohl mit Bezug auf Land und seine ekligen Ecken. Trotzdem heißt es jede Minute die Augen offen halten. Kann doch jeder Augenblick einen „Gegenkommer" oder „Dwarsläufer" bringen, denen ausgewichen werden muß. Naturgemäß ereignen sich Schiffszusammenstöße überwiegend in engen und belebten Gewässern, wo sich die Reiserouten zusammendrängen und obendrein kleinere Schiffe zwischen nahen Häfen quer zur Fahrtrichtung der großen laufen.

Das schrecklichste Unglück, das die deutsche Handelsflotte je getroffen, geschah auf diese Weise. Der Bremer Passagierdampfer „Elbe" befand sich am 30. Januar 1895 auf der Ausreise nach New York. Außer der Besatzung von 181 Mann waren 195 Passagiere an Bord. Die holländische Ecke war bereits umfahren, mit Volldampf hielt man auf den Englischen Kanal zu. Da wurde das Schiff zwischen 5 und 6 Uhr morgens von dem englischen Dampfer „Crathie" gerammt.

Dieser war unterwegs von Rotterdam nach Aberdeen und mußte so den Kurs der großen für den Kanal bestimmten Schiffe kreuzen. Da er die „Elbe" an seiner Steuerbordseite in Sicht bekam, hatte er nach internationalem Seerecht unbedingt die Pflicht, aus dem Wege zu gehen. In sträflichem Leichtsinn hatte der wachhabende Zweite Offizier jedoch die Brücke verlassen, um sich in der Kombüse einen wärmenden Morgenkaffee zu brauen. Der Ausguckmann des Schiffes leistete ihm hierbei wertvollen Beistand und hielt sich ebenfalls in diesem gastlichen Raum auf. Auf der eisig überwehten Brücke stand mutterseelenallein der Rudersmann, der seine Nase so tief wie irgend möglich in den dicken Wachmantel vergrub. Nun ist bei einer Begegnung zweier Schiffe dasjenige, das nach den Ausweichbestimmungen nicht Raum zu geben braucht, doch nicht jeglicher Verpflichtung enthoben. Eine wichtige Forderung des Seerechtes hat es zu befolgen: es muß nämlich Kurs und Geschwindigkeit peinlich genau innehalten. Muß! Erst im äußersten Notfalle, wenn die Manöver des zum Ausweichen Verpflichteten allein den drohenden Zusammenstoß nicht mehr verhüten können, dann erst darf der „Kurshalter" von dieser seiner Pflicht abweichen. Schwer zu sagen, wo die Grenze liegt, und unzählige Prozesse sind um diesen Punkt geführt worden. Dabei haben Rechtsanwälte und Richter Wochen und Monate Zeit zum Überlegen. Der Seemann dagegen muß in wenigen Sekunden seine Entscheidung getroffen haben, eine Entscheidung oftmals über Tod und Leben Hunderter von ahnungslosen Menschen und Millionen anvertrauter Werte.

Solch nichtswürdige Pflichtvergessenheit wie die der „Crathie"-Be-

Ein stummer Zeuge verheerender Gewalten! Wrack eines großen Segelschiffes, das an der chilenischen Küste im Norder strandete.

Der deutsche Dampfer „Denderah" wurde beim Auslaufen aus dem Hafen von Santos von einem Brasilianer bei unsichtigem Wetter gerammt, so daß er vorne vollief und auf Grund sank. Ein halbes Jahr später ist das Schiff von deutschen Bergungsdampfern wieder gehoben und flottgemacht worden.

Dicht vor der Einfahrt in den Hafen von Rio Grande scheiterte der brasilianische Dampfer „Aracaruba" auf der Mole und ging total verloren.

Besonders Kanalfahrten bieten Gelegenheiten zu Kollisionen, die häufig genug den Rammenden gleich dem Gerammten außer Gefecht setzen.
Hier handelt es sich um zwei norwegische Dampfer, die durch eine Ruderhavarie des einen beide schwer beschädigt wurden. Der Gerammte ist mit dem Vorderteil gesunken. Längsseit liegt bereits ein deutscher Bergungsdampfer der Reederei Schuchmann, um ihn zu dichten und dann leer zu pumpen. (s. hierzu noch Bild 1 auf S. 127.)

satzung ist zum Glück eine ganz seltene Erscheinung auf See. Hier wurde sie zum Verhängnis. Der Wachhabende der „Elbe" hat nie über die nervenzerreißenden Minuten höchster Spannung berichten können, als er das notwendige Ausweichmanöver des anderen Schiffes erwartete; ohnehin hatte er erst im letzten Augenblick die „Crathie" sehen können, da deren Lampen in miserablem Zustande waren. In wenigen Augenblicken sank das schöne Schiff. Nur ein Boot mit 20 Insassen konnte dem saugenden Strudel entgehen. Alle übrigen versanken, mit ihnen Kapitän von Goessel, der gar keinen Versuch gemacht hatte, die Brücke zu verlassen.

Und nun kommt der zweite fast unglaubliche Verstoß des englischen Dampfers gegen jeden Seegebrauch: die „Crathie" hielt sich gar nicht damit auf, die See nach Überlebenden abzusuchen, sondern nahm schleunigst ihren alten Kurs wieder auf und verschwand! Erst nach sechsstündigem Treiben wurden die Schiffbrüchigen halberstarrt von der englischen Fischersmack „Wild Flower" aufgenommen, mit aller Aufopferung umsorgt und in Lowestoft gelandet. Wertvolle Geschenke des deutschen Kaisers lohnten den Fischern ihre Hilfsbereitschaft.

Wiederholt sind die großen Segler der Reederei Laeisz im Englischen Kanal von Dampfern gerammt worden. Die Ursache war jedesmal, daß die Dampferleute die Geschwindigkeit des Seglers ganz erheblich unterschätzt hatten, die allerdings auch stets ungewöhnlich groß war. Die 3000 Tonnen große Viermastbark „Pisagua" kollidierte am 16. März 1912 dort mit dem P. und O.-Liner „Oceana". Der Zusammenstoß bekam dem unachtsamen Engländer, der dem Segler unbedingt hätte ausweichen müssen, herzlich schlecht. Man versuchte, den sinkenden Dampfer in seichtem Wasser auf Grund zu setzen. Jedoch ging er samt einem Transport von Geld, Silberbarren, Gold und Elfenbein im Werte von über 120 000 Pfund Sterling nahe der Einfahrt nach Southampton unter. Bis zum 5. Juli sollte es dauern, bis der Schatz von Tauchern wieder gehoben war.

Und die Hamburger Viermastbark „Pangani" wurde in einer Januarnacht 1913 von dem französischen Dampfer „Phryne" überrannt und sank augenblicklich weg. Von den 34 Mann ihrer Besatzung konnten nur noch der erste Offizier, zwei Matrosen und ein Leichtmatrose gerettet werden. Die Untersuchung ergab die Alleinschuld der „Phryne".

Beide Nationen waren bei einer ähnlichen Kollision beteiligt, nur mit vertauschten Rollen. In einer windigen Oktobernacht steuerte der Kieler

Dampfer „Emma" seinen Kurs von Rotterdam nach England. Da kommt etwas an Steuerbord voraus das grüne Licht eines Seglers in Sicht. „Grün zu grün — rot zu rot, geht alles klar, hat keine Not" sagt ein alter Seemannsspruch. Aber was war das? — jetzt waren auf einmal beide Positionslampen zu sehen, grün und rot! Jetzt nur rot sogar — dann wieder beide — und so fort in schönem Wechsel. Wenn eine nervöse alte Dame vor einem Radfahrer wie eine Primaballerina von links nach rechts immer hin und her hupft, dann wird sie ganz bestimmt angefahren. Ganz so geht's auf See zu. Die nervöse alte Dame entpuppte sich in diesem Falle als die französische Bark „Pacifique", mit Kohle unterwegs nach Valparaiso. Sie sackte sofort nach dem Zusammenstoß bis zu den Unterraaen weg. Ein Teil der Besatzung rettete sich in die Takelage, wurde von da von der „Emma" gerettet, andere wurden aus dem Wasser gezogen. Neun Mann, darunter der Kapitän, die drei Offiziere und der englische Lotse, ertranken. Die geretteten Franzosen sagten aus, ihre Schiffsleitung und der Lotse seien "no good" gewesen, sondern "altogether bad men!" Sie hätten seit dem Nachmittag mit großer Beharrlichkeit irgend etwas gefeiert und sehr stark gezecht. Auch die meisten Leute seien angetrunken gewesen, woraus sich das schlechte Steuern erklärte. Das untersuchende Seeamt konnte daraufhin dem deutschen Dampfer auch kein schuldhaftes Verhalten vorwerfen.

Recht unterschiedliche Beurteilung und Behandlung von Kollisionen zeigen folgende Fälle. Die kleine, hölzerne Bark „Atlantik" aus Danzig war am 20. Oktober 1894 mit 12 Mann Besatzung und einer Ladung Kohlen von Newport am Bristol-Kanal nach Martinique in See gegangen. Sie hat ihr Ziel nie erreicht und ist mit Mann und Maus verschollen.

Am 25. Oktober traf der amerikanische Passagierdampfer „Paris" von New York kommend in Southampton ein. Sein Führer, Kapitän Watkins, machte beim englischen "Receiver of Wreck" (entspricht unserem Strandvogt) die Meldung, er habe mit seinem Schiff am vorhergehenden Tage kurz vor 2 Uhr morgens in der Nähe des Bishop Rock-Leuchtturmes eine Bark überrannt, die mit der ganzen Besatzung gesunken sei. Der Name sei ihm nicht bekannt. Als der Kapitän vom englischen Beamten gefragt wurde, ob der Zusammenstoß nicht hätte vermieden werden können, antwortete er nur lakonisch: "Submitted!"[1].

---

[1] „Zugegeben!"

Einen Monat später spülte die See eine Planke an die Küste Südenglands. In schwarzen Lettern trug sie auf weißem Grunde die Inschrift: „Atlantik—Danzig". Der Eigentümer der verschwundenen Bark erkannte darin zweifelsfrei das Namensbrett seines Schiffes. Ein Sturm hatte in der Zwischenzeit nicht geweht. Darauf wurden bei den englischen Behörden genauere Nachforschungen eingeleitet. Die merkwürdige Meldung der „Paris" kam natürlich als deutlichste Spur und wichtigster Anhalt über den Verbleib des Schiffes in Betracht. Anfragen gingen nach New York. Da stellte sich die überraschende Tatsache heraus, daß die amerikanische Reederei des Dampfers „Paris" ihren Angestellten das strikte Verbot erteilt hatte, irgend welche Angaben über die Kollision mit dem unbekannten Segler zu machen! Die amerikanischen Gerichte ihrerseits verweigerten jede Unterstützung. Selbst diplomatische Schritte in dieser Sache verliefen ergebnislos. Man schwieg sich drüben beharrlich aus! Anscheinend mit gutem Grund. Denn ein englischer Fahrgast der „Paris", der Kaufmann Ch. P. Roberts, gab unter Eid vor den englischen Behörden folgendes zu Protokoll: Unmittelbar nach dem Zusammenstoß sei er an Deck geeilt. Doch von dem gerammten Schiff wäre nichts mehr zu sehen gewesen. Die amerikanischen Leute hätten gesagt: "that the steamer had cut the barque right through!" Das Verhalten der „Paris"-Besatzung bezeichnete er mit "some confusion". Ein Boot sei nach geraumer Zeit wohl weggefiert worden, er habe jedoch den Eindruck erhalten, daß es gar nicht von der Bordwand abgelegt habe, um das Wasser nach Überlebenden abzusuchen.

Das Gegenstück hierzu: der kleine, englische Segler „Rose Hill", fünf Mann Besatzung, war am 13. September 1900 von Falmouth nach Antwerpen in See gegangen. Am folgenden Tage herrschte im Kanal ziemlich unruhiges und diesiges Wetter. Um 11 Uhr abends überrannte der kleine Hamburger Dampfer „Holtenau" einen Segler, der innerhalb zwei Minuten sank. Es wurde nur ein Schrei gehört — dann war schon alles vorüber. Die ganze Nacht suchte der Dampfer die Umgebung ab, leider ohne Erfolg. Am 23. wurde unweit der Unfallstelle ein Rettungsring an die Küste gespült, der den Namen „Rose Hill" trug. Engste Zusammenarbeit der deutschen Behörden mit den englischen Strandämtern konnten auch nicht den geringsten Fingerzeig über den Verbleib des Seglers oder seine Identität mit dem gerammten Schiffe erbringen. Trotzdem wurde dem Kapitän vom deutschen Seeamt die Berechtigung zur

Ausübung seines Berufes aberkannt. Erst das Oberseeamt hob dieses harte Urteil wieder auf, da dem Schiffsführer keinerlei Pflichtvergessenheit nachgesagt werden konnte und er sein äußerstes getan hatte, um den Fall aufzuklären.

Noch ein anderer Fall wirft ein kennzeichnendes Licht auf die Hilfsbereitschaft deutscher Seeleute. Der Doppelschraubendampfer „Fürst Bismarck" pflügte mit hoher Fahrt seinem Ziel New York entgegen. Es war eine unruhige, regnerische Mainacht. Urplötzlich taucht vor seinem Bug ein dunkler Schatten auf, ein hastiges Kommando des Wachhabenden — wirbelnd fliegt das Ruderrad herum und es gelingt, den Zusammenstoß im letzten Augenblick zu mildern. Man hatte es mit dem französischen Dreimastschoner „Louise" aus St. Nazaire zu tun, mit einer Ladung Zucker unterwegs von Guadeloupe nach Bordeaux. Niemand war verletzt, das Schiff nur leicht beschädigt. Den Offizieren fiel sofort auf, daß die Positionslampen des Seglers durch verrußte Gläser nur kümmerlichen Schein warfen. Auch wurde die für diese Situation entscheidende Steuerbordlampe in ihrer unzweckmäßigen Anbringung durch die Segel nach vorn vollkommen verdeckt! Merkwürdigerweise weigerte sich die französische Mannschaft, mit ihrem Schiffe die Reise fortzusetzen. Der schöne große Hamburger hatte es ihnen anscheinend angetan! Als unter der deutschen Decksmannschaft Freiwillige aufgerufen wurden, die den Havaristen weiterbringen sollten, meldeten sich alle wie ein Mann. Der zweite Offizier Ruser, später einer der bekanntesten Kapitäne der Hamburg-Amerika-Linie, ging darauf mit 8 Mann auf den Franzosen über. Diese neue Mannschaft brachte das Schiff ohne Zwischenfall nach Falmouth, wo ihr ein Hilfslohn von 2000 Mark vom Schiedsgericht zuerkannt wurde.

Bei Manövern des englischen Mittelmeergeschwaders rammte fünf Seemeilen vor Tripolis während einer äußerst gewagten Wendung das Schlachtschiff „Camperdown" das Flaggschiff „Viktoria". Das riesige Schiff kenterte und versank wie ein Stein mit dem Flottenchef und 358 Mann. Vom Zusammenstoß bis zum Verschwinden des Schiffes waren nach dem englischen Bericht keine 13 Minuten verstrichen.

Legion ist die Zahl der Schiffszusammenstöße im Nebel, und viele schreckliche Katastrophen sind darunter. So ging der italienische Dampfer „Larchmont" dicht vor dem Hafen von New York durch Kollision mit 200 Passagieren unter. Doch das furchtbarste Unglück dieser Art traf

1914 das englische Großschiff „Empreß of Ireland". 1000 Menschen sanken innerhalb weniger Minuten mit ihm in die Tiefe. Der Führung unserer Schiffe gereicht es zu höchstem Lob, daß ein derartiges Unglück noch nie die deutsche Handelsflotte traf.

## Eisberg voraus!

Für alle Zeiten wird das Andenken an die furchtbare „Titanic"-Katastrophe leben. Neu, auf der ersten Reise begriffen, das modernste und größte Schiff der Welt sollte es nach dem Ehrgeiz seiner Reederei auch beweisen, daß es das schnellste sei. Unter allen Umständen! Die Gewässer der Neufundlandbank waren erreicht. Man wußte, daß Eis gesehen worden war. Die Nacht vom 14. auf den 15. April 1912 war diesig. Doch es galt jeden Rekord zu brechen — um jeden Preis! So lautete die strikte Order, die bei einer deutschen Reederei unmöglich wäre. Als nach dem furchtbaren Anprall das Wasser ins Schiff strömte, erwiesen sich die Schotten als nicht stark genug. Abteilung nach Abteilung füllte sich, und innerhalb zwei Stunden ging der 46 000 Tonnen-Koloß unter. Die Jagd nach dem „Blauen Bande" hatte 1635 Opfer gefordert. Und zu denken, daß all diese Menschenleben hätten gerettet werden können, wenn — — — — ja wenn der Funker des Dampfers „Californian" der Leyland-Linie eine Viertelstunde später schlafen gegangen wäre! Dieses Schiff lag etwa 15 Seemeilen von der Unfallstelle entfernt, als die „Titanic" mit dem Eisberg kollidierte. Von der Brücke der „Californian" sah man die Raketen der „Titanic" aufsteigen und hielt sie für Kompagniesignale, so daß man nicht weiter darauf Acht gab. Kurze Zeit vorher hatte der Funker noch am Apparat gesessen und Eiswarnungen aufgenommen und abgegeben. Dann aber war er von der Funkstation der „Titanic" aufgefordert worden, seinen Verkehr einzustellen, da er den Großen störte und die „Titanic" selbst noch einige wichtige Telegramme mit der Station von Kap Race zu wechseln hätte. Weiteres Abhören hielt der junge Funker für unnötig und verließ deshalb seine Station. Vermutlich gingen bereits wenige Minuten danach die ersten SOS-Rufe der „Titanic" aus. Sie selbst hatte den einzigen Hörer verjagt, der innerhalb einer Stunde hätte zu Stelle sein und so zur rechten Zeit hätte Hilfe bringen können!

Sie sind zum Glück selten, die Zusammenstöße mit Eisbergen. Man weiß ja, wann und wo man mit dem Auftreten dieser silbergepanzerten Wegelagerer rechnen muß, und ist dann besonders vorsichtig. Auf der Neufundlandbank kreuzen, aus internationalen Mitteln betrieben, besondere Eiswachtschiffe. Sie beobachten die Bewegungen des Eises und geben auf funkentelegraphischem Wege Warnungen und Eisberichte an die Schiffahrt, die jene unfreundliche Gegend passieren muß. Im Jahre 1932 war ein ganz neuer Schiffahrtsweg eröffnet worden. Tief im innersten Winkel der Hudson-Bai ist ein Hafen entstanden, Port Churchill, ein neues Ausfalltor des kanadischen Getreides. Doch nur wenige Wochen im Jahre ist die Route dorthin eisfrei. Mit Spannung erwartete die ganze Fachwelt den Verlauf der ersten Reise. Ein 3700 Tonnen großer Frachtdampfer, die „Bright Fan", sollte Pfadfinder sein. Er kam glücklich durch das unbekannte Fahrwasser zu seinem Bestimmungshafen. Mit Weizen beladen trat er den Heimweg an. Doch in der Hudson-Straße stellte ihm das Schicksal ein Bein. Gerade an der Grenze der Gefahrzone schmetterte er auf einen Eisberg und sank in einer halben Stunde. Die Besatzung konnte sich jedoch rechtzeitig in den Booten retten.

Schlimmer erging es dem japanischen 2500-Tonner „Taikei Maru". Anfang Februar 1932 verließ er Wladiwostok. In den nächsten Tagen gingen schwere Schneestürme über das Ochotskische Meer nieder. Durch Funkspruch meldete der Dampfer, er sei von Packeis eingeschlossen und brauche Hilfe. Das war das letzte, was man von dem Schiffe hörte. Ausgeschickte Bergungsdampfer haben keine Spur mehr von Schiff und Menschen zu finden vermocht. Schweigsam deckt der eisige Norden seine Geheimnisse.

## Feuer im Schiff.

Wer einmal Gelegenheit hatte, dem Bunkern eines großen Überseedampfers zuzuschauen, vielleicht durch die Bunkerräume hat gehen können, der wird keineswegs überrascht sein, wenn er hört, daß im Laufe jedes Jahres 70 bis 100 Bunkerbrände gemeldet werden. Es sind gewaltige Mengen Kohle, die für eine längere Reise mitgeführt werden müssen. Ein Frachtdampfer von 10000 Tonnen Tragfähigkeit, der 12 Knoten läuft, braucht etwa 40 Tonnen Kohlen pro Tag, das sind

800 Zentner! Große Passagierdampfer verbrennen ein Mehrfaches dieser Menge. Viele Hunderte von Tonnen Kohle müssen also im Schiff untergebracht werden, und zwar in unmittelbarer Nähe der Heizräume, denn da sollen sie ja verbraucht werden. Die Einlagerung in den engen, tief im Schiff gelegenen Bunkern hat unvermeidlich eine stetige Wärmeentwicklung zur Folge. Und schreitet die Erhitzung soweit fort, daß die Kohlen anfangen zu schwelen, dann spricht man von einer Selbstentzündung.

Schiffe, deren ganze Ladung aus Kohlen besteht, sind natürlich in besonders hohem Grade dieser Gefahr ausgesetzt. Zur Zeit des russisch-japanischen Krieges gingen riesige Transporte von Bunkerkohlen von Europa nach Ostasien, die für die kämpfenden Flotten bestimmt waren. Die mehrwöchige Reise durch die Tropen erwies sich in vielen Fällen als verhängnisvoll. In Colombo lagen zur selben Zeit nicht weniger als neun deutsche Dampfer, alle hatten wegen Brennens ihrer Kohlenladung diesen Nothafen anlaufen müssen. Tage- und wochenlang führt die Besatzung oft einen verzweifelten Kampf gegen den schleichenden Feind, der ihr Schiff unter ihren Füßen zerstört. Oftmals sammeln sich große Mengen explosiver Gase gleich den schlagenden Wettern in Kohlenbergwerken. Sowie der schwelende Brand durch Luftzutritt aufflackert, bersten mit Donnerkrachen die Wände des Schiffes, und gar mancher verschollene Dampfer mag auf diese Weise geendet haben, dessen Verbleib nie aufgeklärt worden ist. Im Vorjahre wurden vierzehn solcher Explosionen gemeldet, die dabei verursachten Schäden beliefen sich je auf 6000 bis 120000 Mark!

Die Möglichkeit der Selbstentzündung besteht leider jedoch bei einer großen Anzahl von Gütern, die in Mengen zur Verschiffung gelangen. Jede Substanz, die dazu neigt, bei mäßiger Temperaturerhöhung sich mit dem Sauerstoff der Luft zu verbinden, kann ohne äußeren Anlaß der Herd eines Brandes werden. Schiffsladeräume dürfen ja in keinem Falle mit Lagerräumen an Land verglichen werden. Hier kann jeder Stapel Ware auf allen Seiten von Frischluft umspült werden, ständig läßt sich ein Lager in allen seinen Teilen kontrollieren. Ein im Entstehen begriffenes Feuer vermag leicht von allen Seiten angegriffen und so erfolgreich bekämpft zu werden, nötigenfalls durch Einreißen und Durchbrechen von Wänden. Immer ist es möglich, die Rauchgase abzuleiten, so daß der Feuerherd direkt erreicht werden kann. Ganz anders liegen die Dinge an Bord. Selbst bei geschicktester Ausnutzung modernster Schiffsbelüftungsanlagen wirkt ein Laderaum voller Baumwolle oder Kopra wie ein Wärmespeicher. Ein ganz idealer obendrein. In Stapeln von acht und mehr Metern Höhe liegen die Güter im Raum geschichtet und sind mit großer Sorgfalt so gestaut, daß sie eine kompakte Masse bilden. Ein Schiff liegt ja doch nicht ruhig, wie der Speicher an Land. Der Ladungsoffizier muß auch bei kurzen Reisen stets mit unruhigem Wetter rechnen. Deshalb wird die ganze Ladung so untergebracht, daß keine Kiste und kein Sack sich von ihrem Platz zu rühren vermögen, selbst wenn „der Kahn kopfstehen sollte"! Die Ladung wird nach Seemannsbrauch gestaut, nennt das die Bordsprache. Bricht nun ein Brand aus, dann finden Rauch und Gase und Hitze nur einen Abzug — die Luken. Die sind jedoch der einzige Weg, auf dem man an den Feuerherd herandringen kann. Also bleibt dem Seemanne nichts übrig, als Rauch und Gas und Hitze schnurstracks entgegen zu gehen, um sein Schiff zu retten. So ist es verständlich, daß bei den erfahrenen Leuten der Berufsfeuerwehren großer Hafenplätze die Bekämpfung eines Schiffsbrandes als schwierigste und unangenehmste Aufgabe angesehen wird.

Unerwartet wie Gottes Gericht bricht mitunter eine Katastrophe herein über das ahnungslose Schiff. So lag am 11. Februar 1930 der Dampfer „München" in New York am Kai. Die Passagiere waren natürlich bereits kurz nach der Ankunft von Bord gegangen. Man löschte aus den weiten, wie Förderschächte tiefen Luken die Ladung. Aus dem Inneren des Hinterschiffes schwebten an matt schimmernden Drähten unförmige Ballen ans Licht: Torfmull, vielleicht als Isolationsmaterial irgend einer Kühlanlage bestimmt. Stunde um Stunde verrann. Tiefer wühlten sich die Arbeiter hinunter, die dicken Ballen hörten auf, gewichtige Säcke kamen zum Vorschein. Von knirschenden Schlingen zu dicken Bündeln zusammengeschnürt, schwebten auch sie dem Torf nach in weit ausholendem Bogen zum Kai hinüber: Kalisalpeter, der den unabsehbaren Feldern der neuen Welt die schwindende Fruchtbarkeit erhalten sollte. In endloser Prozession folgt Hieve auf Hieve. Plötzlich zwischen dem dumpfen Kollern der Dampfwinden ein Krach in der Tiefe des Raumes — heisere Angstschreie flattern auf, übertönt von einer Reihe schwerer Detonationen — beizender Qualm quält sich in dicken Schwaden aus der Luke. Mit Blitzesschnelle ändert sich die Szene. Kommandorufe schallen, Menschen rennen und schleppen dicke Schlauchrollen, schon zischen aus knatternden Messingrohren armdicke Wasserstrahlen hinunter, wo aus wirbelnden

Schwaden rötliche Flammen aufzucken. In zerfetzten Kleidern, schier unkenntlich mit geschwärzten und blutenden Gesichtern, so taumeln die Arbeiter die schmale Eisenleiter empor, werden fallend fortgetragen aus dem Bereich der giftigen Rauchgase, die immer dichter von unten emporquellen. Mit gellenden Signalen prescht Feuerwehr heran, neue wasserspeiende Würmer ringeln sich über das Deck, sich windend wie in geheimen Schmerzen. Genau eine halbe Stunde ist's her, seit dem ersten Alarm, da scheint mit Donnerkrachen das ganze Schiff zu bersten. Umhüllt von Stichflammen sausen schwere Lukendeckel, Schlauchstücke, Ladungsteile, ganze Säcke Salpeter durch die Luft. Hoch über dem Achterschiff, auf dem Bootsdeck, stand der Kapitän mit der Leitung der Feuerwehrmannschaften. Von hier ließ sich der Kampfplatz am besten überblicken. Zwei Meter hoch schleuderte sie der Druck der Explosion in die Höhe, alle wurden mehr oder weniger verbrannt. In diesem Augenblick erlosch das Licht — gleich hinterher in kurzer Folge noch vier schwere Explosionen. Schwerfällig legt sich der Dampfer nach Backbord über — Qualm, grell hochschießende Stichflammen, Kommandoworte und Pfeifensignale, Gurgeln und Rauschen von Wasser im Raum, hastig durch beißende Rauchwolken flüchtende Menschen. Das schöne 13 500 Tonnen große Schiff sank in kurzer Zeit. Es ist mit großer Mühe wieder gehoben worden. In seiner Bordwand fand sich ein Leck von 4 mal 12 Meter Ausdehnung! Die spätere seeamtliche Untersuchung stellte fest, daß wahrscheinlich ein Gemisch von Torfmullresten und Salpeter der Herd des Feuers geworden sei. Die als Sachverständige berufenen Chemiker erklärten, so ein Gemisch habe die Gefährlichkeit des Schwarzpulvers. Das konnten die Ladungsarbeiter natürlich nicht ahnen. Eine heftig geworfene Kette, ein gegen die Raumstützen schlagender Ladehaken kann dann leicht den Funken erzeugt haben, welcher die erste Explosion auslöste und die übrige Ladung in Brand setzte.

Der Hafen von New York wurde im Jahre 1900 zum Schauplatz der furchtbarsten Katastrophe, die unsere Handelsflotte je getroffen hat. Seit Tagen hatte der Junihimmel Feuer gespien. Stadt und Hafen brüteten unter einer Hitzewelle, die alle Schuppendächer, die hölzernen Bohlen der Laufstege und Kaianlagen zu glühendem Zunder dörrte. An den Pieranlagen lagen vier Dampfer vertäut, die „Saale", „Main", „Bremen" und der 190 Meter lange „Crack-Liner" der deutschen Handelsflotte „Kaiser Wilhelm der Große", Inhaber des Blauen Bandes der

Nordatlantikfahrt, also das derzeit schnellste und kostbarste Schiff der Welthandelsflotte. Auf den Kais und in zahlreichen Leichtern lagen riesige Stapel Baumwolle zur Verladung nach Deutschland bereit. Über dem geräuschvollen Getriebe zitterte die Luft in der Glut der ersten Nachmittagsstunden. Da plötzlich ein Rennen und Rufen, ein Schrei fliegt die langen Kais hinunter: „Feuer!" Einer der Baumwollstapel brannte bereits lichterloh. Solch ein Brand ist höchstens in den allerersten Anfängen zu ersticken. Mit Blitzesschnelle rast das Feuer über ein Baumwollager hin, die lose überall herabhängenden Tupfen bilden ideale Zünder. Damals wurden die Ballen noch nicht so fest gepreßt wie es heute üblich ist. Und sogar jetzt noch ist die Baumwolle Nordamerikas gefährlicher als die von Indien oder China kommende, weil sie lockerer gepackt wird. Im Nu gingen Kai und Stege ebenfalls in Flammen auf, und nur Minuten dauerte es, und die ersten Sonnensegel brannten an Bord — das Feuer hatte auf die Schiffe übergegriffen!

Kapitän und Offiziere der „Kaiser Wilhelm der Große" hatten sofort die furchtbare Gefahr erkannt. Entschlossen sprangen die jüngeren Offiziere auf den brennenden Kai hinab, um die das Schiff haltenden Drähte loszuwerfen. Doch hatte man hier im Hafen ja nicht so viel Dampfdruck zur Verfügung, um diesen Koloß von 14360 Tonnen schnell aus der Gefahrzone zu bringen. Noch waren keine Schlepper klar, aber fort mußte man um jeden Preis. Nicht achtend der ihre Uniformen versengenden Flammen, brachten die Offiziere an Land Drahttrossen aus, und an diesen wurde mit Hilfe der Lade- und Verholwinden das Schiff erst mal dem Bereich der Flammen entrückt. Mit knapper Not gelang es den Offizieren, sich vor den Flammen zurück an Bord zu retten. Nun hatten sich auch endlich Schlepper eingefunden. Zwei faßten den Bug, fünf das Heck an und innerhalb kurzer Zeit war das Schiff der Gefahrzone entrückt.

Unverzüglich beorderte der Kapitän jetzt ein Rettungsboot zu Wasser, und durch entschlossenes Eingreifen konnte die Bootsbesatzung noch 30 Kameraden von den übrigen Dampfern vor dem sicheren Tode retten. Vordeck und Bootsdeck der „Kaiser Wilhelm der Große" waren bereits vom Feuer erfaßt, doch den planvollen Löscharbeiten der Besatzung gelang es bald, des Feuers Herr zu werden. Den größten Schaden hatten die Boote erlitten, von denen sieben zerstört oder schwer beschädigt waren. Leider wurden auch zwei Mann der Besatzung vermißt. In dem Wirrwarr der ersten Minuten waren sie wahrscheinlich über Bord gefallen und zwischen den Leichtern ertrunken. Feuer und Qualm hatten auf Dampfer „Bremen" etwa 150 Mann der Besatzung auf dem Achterdeck zusammengetrieben. Vergebens wurden vorüberfahrende Schlepper um Hilfe angerufen, keiner faßte die Trossen an. Mit unheimlicher Geschwindigkeit griff das Feuer achteraus, schon fraß die Glut an Kleidern und Haaren. Da gab der zweite Offizier, der ebenfalls auf der Poop war, Befehl, die Boote auszuschwingen und das Schiff zu verlassen. Sicher kam das erste zu Wasser, stieß ab und seine Insassen waren in Sicherheit. Schon war das zweite vollbesetzt, sollte gerade weggefiert werden. Da hatte das Feuer den vorderen Davit erreicht, züngelnd lecken die Flammen an dem Manilatauwerk des Bootsfalls empor, der Läufer bricht und das vordere Ende des Bootes saust hinab. Unglücklicherweise treibt in diesem Moment ein Kohlenleichter vorbei, über und über brennend. Mit einem Schrei des Entsetzens stürzen Dutzende von Menschen zu einem Klumpen geballt aus dem Boot auf den flammenden Leichter hinunter. Die übrigen treibt das Feuer vom Achterdeck, ihnen bleibt als einzige Rettung der Sprung in den Strom. Der Erste Offizier war durch Rauch und Flammen noch zur Brücke geeilt, um wichtige Papiere zu bergen. Den Rückweg fand er verlegt, aus Niedergängen und Treppen schlugen ihm die hellen Flammen entgegen. Aus 10 Meter Höhe mußte er vom Promenadendeck hinunter in einen vorbeitreibenden Leichter springen. Nach Wochen erst hat er das Krankenhaus verlassen können.

Als die „Kaiser Wilhelm der Große" vorbeigeschleppt wurde, kam auch die „Bremen" vom Kai los. Die Bewegung eines großen Schiffes bringt das Wasser in weitem Umkreis in Aufruhr, die „Bremen" wurde von diesem Sog erfaßt, ihre Trossen brachen und flammenumloht trieb das große 160 Meter lange Schiff stromabwärts. Schließlich wurde es doch von Schleppern in Tau genommen und auf Grund gesetzt. Seine Aufbauten waren verbrannt, die gesamte Kajütseinrichtung völlig zerstört, die Baumwolladung im Zwischendeck vernichtet. 1 700 000 Mark hat seine Wiederherstellung gekostet. Leider wurden zwölf Mann seiner Besatzung vermißt.

Als auf der 10 000 Tonnen großen „Main" der Feueralarm gegeben wurde, waren in den Maschinenräumen fünfzehn Mann beschäftigt. So schnell wie möglich setzten sie pflichtgetreu sämtliche Pumpen in Betrieb. Als sie an Deck wollten, versperrten ihnen Rauch und Flammen den Ausweg nach oben. Entsetzt flüchteten sie sich in den Wellentunnel, da im Maschinenraum der Rauch unerträglich wurde. Mit ihren Kleidern verstopften sie notdürftig alle Öffnungen, durch welche der Qualm in ihr enges Verließ drang. Dort standen sie nun in undurchdringlicher Finsternis und fühlten den Sensenmann Schritt für Schritt auf sich zukommen. Stunden waren sie eingeschlossen, abgeschnitten von jeder Rettung. Ständig nahm die Hitze zu, bald war es nicht mehr zu ertragen. Als die Kleider, womit die Ventilatoren verstopft waren, zu brennen anfingen, wurde ihnen klar, daß sie hier unten ersticken und verkohlen müßten, wenn es ihnen nicht gelang, hinauszukommen. Verzweifelt wickelten sie sich die letzten Fetzen um die Köpfe, öffneten die Tür zum Maschinenraum und stürzten hinaus. Ein Wettlauf mit dem Tode wars, mitten durch eine Hölle. Doch er gelang. Wie ein Wunder schien es denen draußen, als in einer Pforte des Kohlenbunkers dicht über der Wasserlinie ein Häuflein halbnackter und verrußter Gestalten ans Licht taumelte. 54 Stunden brannte die „Main". Bis zur Wasserlinie weißglühend sank sie um Mitternacht des 2. Juli. Von ihrer Besatzung wurden 35 Mann vermißt. $2^3/_4$ Millionen Mark kostete es, das Schiff später wieder in Stand zu setzen.

Doch noch schrecklichere Opfer forderte der Brand auf Dampfer „Saale". Hier war die Mehrzahl der Stewards im Zwischendeck damit beschäftigt, das Schiff wieder für die Heimreise klarzumachen. Unter dem Dröhnen der Hämmer in den großen, hallenden Räumen überhörten sie die Feueralarmsignale. Als sie die entsetzliche Gefahr erkannten, war's bereits zu spät. An den Kojen, Matratzen und Decken des Zwischendecks fand das Feuer nur zu reichliche Nahrung. Lichterloh von Steven zu Steven brennend, so trieb das Schiff den Strom hinab. Aus den Bullaugen des Zwischendecks schrien die verzweifelten Stewards um Hilfe, in ihre Rücken fraß sich schon die Glut der Hölle, die in dem Schiffe tobte. Da stieß vom Hapagdampfer „Kaiser Friedrich" ein mit zwanzig Mann besetztes Boot unter Führung des Zweiten Offiziers Hohlfeldt ab. Es legte sich neben die brennende „Saale", und nicht achtend der eigenen Gefahr suchten sie die Qualen der unglücklichen Eingeschlossenen dadurch zu lindern, daß sie ihnen durch die Fensteröffnungen Wasser über die gemarterten Körper schütteten. Mit der Hälfte seiner Bootsbesatzung arbeitete der Zweite sich an der bereits glühendheißen Bordwand hinauf auf das flammende Deck. Und der todesmutigen Aufopferung dieser Helden gelang es, mit schweren Beilen für 37 Kameraden einen Weg zu-

Aus der geborstenen Schiffsseite quillt die Ladung, die aus Pitprops, Stempeln zum Abstützen von Grubenstollen, besteht. (Zu S. 114.)

D. „Florida" der Messagerie Maritime wurde durch eine Kollision mit einem Flugzeug-Mutterschiff übel zugerichtet.

# Der Brand der „Targis“.

Noch schwebt die Qualmwolke einer schweren Explosion über dem Schiff, als schon die nächste emporschießt. Im Vordergrunde und links sind die Schiffsboote sichtbar, in welchen die Fahrgäste mit ihrem Gepäck abgeborgen wurden.

Dreitausend Meter hoch steht majestätisch und still die gigantische Rauchwolke über dem dem Untergange geweihten Dampfer. Die Explosionen sind vorbei, die Luken geborsten, und frei entwickelt sich das Feuer in der wie rasend brennenden Salpeterladung.

rück ins Leben freizulegen. Dann mußten auch sie das Schiff verlassen. 101 Mann der Besatzung der „Saale“ sind geblieben, darunter Kapitän Mirow und der Dritte Offizier Baron, die mit einem Häuflein Matrosen ihr Äußerstes versuchten, den im Zwischendeck eingeschlossenen Stewards Rettung zu bringen. In hingebender Kameradschaft für den Geringsten ihrer Mannschaft haben diese Söhne der See bewiesen, daß deutsche Schiffsoffiziere als echte Führernaturen zu ihren Leuten halten, sei es bis zum bitteren Ende.

Die einsetzende Ebbe legte spät abends das auf Grund geratene Schiff auf die Seite, durch die Bullaugen strömte das Wasser ein und löschte endlich das Feuer. So endete der schwarze Tag der deutschen Handelsflotte. Möge ein gnädiges Geschick in aller Zukunft ein ähnliches Unglück von unseren schönen Schiffen und ihren Besatzungen fern halten. Die „Saale“ war hoffnungslos zerstört, eine Reparatur lohnte nicht mehr. Deshalb wurde das Schiff für 23 000 Dollar an eine amerikanische Werft zum Abwracken verkauft.

Im Juli 1930 ging wieder ein schönes Schiff durch Feuer verloren, der 6000 Tonnen große Frachtdampfer „Targis“. Mit voller Ladung von Salpeter, Baumwolle, Ölkuchen, Zinn, Honig, Kaffee und Wein von der Westküste Südamerikas kommend, hatte das Schiff den Panamakanal passiert. Die Reise war von herrlichstem Wetter begünstigt. Zehn Tage später sah der dritte Offizier, der am Vormittag die Wache hat, von der Brücke aus den Ventilatoren des Vordecks dichten Rauch hervorquellen. Er brauchte gar keinen Feueralarm geben. Denn gleich darauf öffnete sich ein Krater am Vordeck. Unter ohrenbetäubendem Krachen flog die Luke hoch, masthoch schoß eine Stichflamme aus der Öffnung. Löschversuche waren vergebens. Nach wenigen Minuten schon gab es noch eine Explosion, schwerer als die erste. Das ganze Vorschiff war in beizenden Qualm gehüllt, in dem niemand zu atmen vermochte. Mit einem Geräusch wie das ferne Brüllen Tausender wilder Tiere lohten die Flammen aus dem Raum. Der Kapitän gab Befehl für alle Mann, das Schiff zu verlassen. In aller Ruhe und Ordnung wurden die Boote zu Wasser gebracht und die zehn Passagiere mit ihrem Gepäck abgesetzt. Dann folgte die Besatzung. Wie ein gigantischer Pilz von tausend Meter Höhe, so stand in der stillen Sommerluft der Subtropen eine gelblich-graue Qualmwolke über dem einsamen Schiffe als weithin sichtbares Notsignal. Wenige Stunden später, gegen Mittag, traf das englische Passagier-

Motorschiff „Rangitata" ein. Die erste Wut des Feuers schien erschöpft. Als die wenigen Fahrgäste der „Targis" von dem Engländer an Bord genommen waren und sich also in Sicherheit befanden, machten Kapitän und Offiziere mit ihren Leuten noch einen Versuch, das Schiff zu retten. Doch noch weitere Explosionen der Salpeterladung mußten die Außenhaut des Schiffes beschädigt haben. Es begann vorne wegzusacken. Mit Aufbietung aller Kräfte arbeiteten die Männer an der Eindämmung des Feuers. Aber als bei Einbruch der Nacht das Vordeck bereits zwei Fuß unter Wasser lag, mußten sie den Kampf aufgeben. Kurz nach 10 Uhr abends verschwand das flammende Fanal von der blutrot schimmernden, glatten See. Finsternis herrschte, die „Targis" war in 4000 Meter Wasser versunken.

Glücklicher ging der Brand aus, der die Salpeterladung des Dampfers „Ludwigshafen" ungefähr vier Monate später erfaßte. Der Dampfer befand sich an der Küste von Kolumbia auf der Heimreise von Chile und Peru; er hatte etwa 23000 Sack Salpeter im Raum, außerdem noch Kupfer, Panamarinde und eine gehörige Portion Kaffee. Hier war es der Vierte Ingenieur, der auf seiner Runde tief drunten im Wellentunnel die ersten Rauchspuren bemerkte. Schleunigst eilte er auf die Brücke um Meldung zu machen. Kaum eine Minute später schon waren Kapitän und erster Offizier bei den Ventilatoren des Achterdecks. An Steuerbordseite ließ sich nichts wahrnehmen, deshalb gingen sie quer über Luke IV hinüber auf die andere Seite des Decks. Kaum waren sie von der Luke herabgesprungen, da gings mit Donnergetöse hinter ihrem Rücken los. Bis zum Flaggenknopf jagten Stichflammen aus der Luke empor, die ihr Fuß soeben verlassen. Schwere Lukendeckel wirbelten zur Seite, ein Regen von brennendem Salpeter ergoß sich über das ganze Achterdeck. Unter diesen Umständen mußte man das Schiff natürlich verlassen. Die Maschine wurde gestoppt und bei dem ruhigen Wetter konnte man von den Booten aus respektvoller Entfernung diese Miniatur-Reproduktion von Sodom und Gomorrha genießen. Doch nach fünf Stunden hatte das Schauspiel an Großartigkeit wesentlich eingebüßt. Die herrlichen Feuerfontänen schienen erschöpft, seit langem hatte es nicht mehr so richtig herzhaft geknallt, es brannte eben nur noch ein ganz ordinäres Bordfeuerchen. Da schien es unseren Seeleuten an der Zeit, mal nach dem Rechten zu schauen. Sie pullten mit ihren Booten längsseit und gingen wieder an Bord. Dort dämmten sie den Brand, der sich im ganzen Achterschiff friedlich breit gemacht hatte, bis auf einen ungefährlichen Rest ein, brachten die Maschine wieder auf Touren, und knapp vier Stunden nach der „Heimkehr" ihrer Besatzung war die „Ludwigshafen" wieder auf der Reise, als sei nichts passiert. Als das Schiff in Balboa am Pazifik-Ende des Panamakanals einlief, hatte der Pumpendampfer gerade noch zwei Stunden zu tun, und der letzte Funke war ersäuft. Den verblüfften Spaniern blieb nur noch übrig, ihre Bewunderung für dieses Husarenstücklein deutscher Seemannschaft auszudrücken.

Daß fremde Hilfe dem eigenen Schiffe nicht immer zum Wohle gerät, erhellt am besten aus dem Unfall des Dampfers „Ulanga". Das Schiff hatte, von Afrika kommend, den Englischen Kanal bereits passiert. Seine Ladung bestand in der Hauptsache aus Kopra, von der ein großer Teil in Antwerpen gelöscht werden sollte. Wenige Stunden vor der Einfahrt in die Schelde wurde ein Brand in den Laderäumen des Vorschiffes entdeckt. Sofort ergriff die Schiffsleitung energische Maßnahmen zu dessen Löschung. Alle Öffnungen zu den gefährdeten Räumen wurden peinlich abgedichtet, dann durch die Feuerlöschleitung Dampf eingeblasen, um das Feuer zu ersticken. Obendrein war der deutsche Bergungsdampfer „Hermes" zur Hilfeleistung angenommen worden. Auf der Reede von Vlissingen blies dieser mit seiner Spezial-Feuerlöschanlage der „Ulanga" noch große Mengen von Kohlensäureschaum in die Räume. Wie ein nasses Tuch legt sich diese zähe Masse über brennende Gegenstände, schneidet die Luftzufuhr ab und erstickt so jede Flamme schlagartig. Doch Bedingung für die Wirksamkeit von Dampf und Schaum ist gänzlicher Luftabschluß. Nach dreistündigem Arbeiten schien abends 10 Uhr das Feuer gelöscht. Die ganze Nacht über blieb das Schiff in Vlissingen, und da der Brand nicht mehr aufgeflackert war, dampfte die „Ulanga" in der Frühe flußaufwärts nach Antwerpen. Hier wurde das Schiff mit vollem Einverständnis der Hafenbehörden in den Hafen zwischen die anderen Schiffe gelegt. Die Möglichkeit des Wiederaufflammens schien beigelegt.

Da verlangte die Feuerwehr jedoch die sofortige Öffnung der Luken, um eine Inspektion des Brandherdes vorzunehmen. Vergeblich wies die Schiffsleitung auf die Gefährlichkeit dieses Beginnens hin. Bei Schiffsbränden im Hafen hat die Leitung der Landfeuerwehr als verantwortliche Stelle für die Sicherheit des gesamten Hafens das Kommando. Also wurden die Luken geöffnet, frische Luft strömte in die noch nicht abgekühlte Ladung, und eine Stunde später schon reichten sämtliche verfügbaren Schlauchleitungen nicht mehr aus, um den Brand einzudämmen. Mit Brennapparaten mußten große Öffnungen in das Oberdeck und die Bordwand geschnitten werden. Aus unzähligen Schläuchen zischten die Wasserstrahlen in das brennende Innere. Das viele Wasser ließ das Schiff sich endlich überneigen, brausend schoß das Wasser des Hafens durch die geöffnete Seite in den Raum. Um 11 Uhr abends war das Feuer endgültig gelöscht, — aber die „Ulanga" lag auf Grund. Spätere Untersuchungen ergaben, daß die Kosten der Reparatur den Wert des Dampfers erheblich überschreiten mußten. Als reparaturunwürdig verfiel es den Abwrackern. Vom Eingreifen der Feuerwehr gilt hier mit Recht der schöne Trost: Operation geglückt — Patient gestorben.

Ursache dieses Brandes war eine Selbstentzündung der Kopraladung geworden. Durch den starken Druck auf die unten im Raum liegenden Partien wird aus den gedörrten Kokosstückchen reichlich Öl ausgepreßt, das von den Jutesäcken gierig aufgesogen wird. Wie jedes pflanzliche Öl oxydiert auch dieses leicht. Die sich dabei entwickelnde Wärme kann schlecht oder gar nicht entweichen, die Temperatur steigt und fördert ihrerseits wieder die Ölabsonderung. Es ist ein Kreislauf von Ursache und Wirkung, der die Hitze im Raum allmählich bis zu einer Höhe steigert, bei der die Jutesäcke anfangen zu verkohlen oder zu glimmen.

Wer sich auch nur oberflächlich mit Schiffsbränden befaßt, der wird bald erkennen, daß Vorsicht von der Schiffsleitung gar nicht übertrieben werden kann. Der deutsche Dampfer „Milos" hatte seine Ladung in Antwerpen vervollständigt und war in See gegangen. Durch das Rollen bei unruhigem Wetter hatte sich im Raum anscheinend etwas losgearbeitet, denn beim Überholen des Schiffes wurde jedesmal ein Poltern gehört. Unverzüglich ließ der wachhabende Dritte die Luke öffnen, um selbst nach dem Rechten zu sehen. In Schiffsräumen ist es dunkel, zumal wenn nur ein einziger Lukendeckel aufgemacht wird. In der fraglichen Abteilung des Raumes lagen nach den Papieren keinerlei feuergefährliche Güter. Darum ließ der Offizier sich eine Sturmlampe zureichen und stieg in den Schacht hinein. Im selben Augenblick erfolgte eine schwere Explosion, durch welche der Dritte mit seinen Leuten nicht unerheblich verletzt wurden. Eine nähere Untersuchung ergab, daß im Zwischendeck dieses Raumes 4 Fässer mit Kohlenwasserstoff, einem

Bootsmanöver auf dem Hapagdampfer „Albert Ballin". Die Leute in den beiden Booten haben Schwimmwesten um. Nach einem bis ins Kleinste ausgearbeiteten Plan sind jedem Mann ganz bestimmte Funktionen zugeteilt. Diese „Bootsrolle" wird solange gedrillt, bis ein reibungsloses Zuwasserbringen sämtlicher Boote in wenigen Minuten garantiert ist.

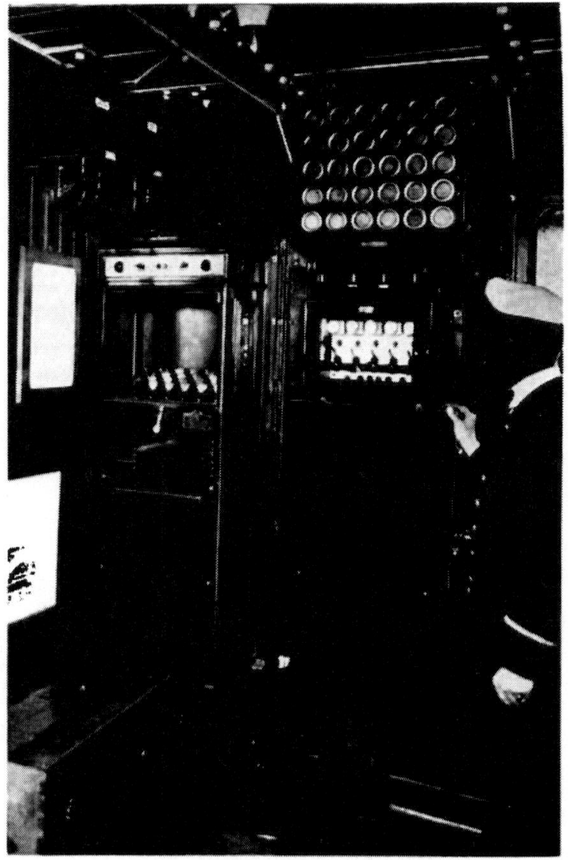

Feuermeldeanlage an Bord eines Dampfers der Hamburg-Amerika-Linie. Technisch vollendete Rauch- und Wärmeanzeiger, die ständig kontrolliert werden, machen die Entwicklung eines größeren Brandes an Bord deutscher Fahrgastschiffe so gut wie unmöglich.

# Deutsche Bergungsdampfer bei ihrem schweren Werk.

Hilflos, mit zusammengebrochener Maschine wurde im Januar 1928 der engl. D. „Magdala" von „Seefalke" vom Atlantik eingeschleppt.

Der belgische D. „Yser" wird brennend von deutschen Bergungsdampfern nach Vlissingen bugsiert. Motorschlepper „Hermes" bekämpft gleichzeitig das Feuer.

Gemisch von Benzol aus Steinkohle und Benzin aus Petroleum, lagen. Sie waren dem Schiff zur Beförderung nach Konstantinopel von einem Antwerpener Spediteur übergeben worden, der als Inhalt der Fässer "huile de graissage — non dangereux"[1]) schriftlich angegeben hatte, vermutlich um den Unterschied zwischen der Fracht ungefährlicher und explosiver Güter einzusparen. Man versetze sich in die Lage der Seeleute, die solcher Gefährdung von Gesundheit und Leben dauernd ausgesetzt sind. Das Gesetz verlangt, daß die Schiffsleitung auf gefährliche Güter aufmerksam gemacht und die begleitenden schriftlichen Erklärungen durch einen breiten, roten Querstreifen schon äußerlich auffällig gekennzeichnet werden. Wie sehr diese kluge und keinesfalls zu weitgehende Vorschrift mitunter mißachtet wird, mußte die Leitung des Dampfers „Arkadia" erfahren. Das Schiff löschte im Hafen von Boston seine große Ladung Stückgüter. Erster und Zweiter Offizier befanden sich auf einer Runde durch die Räume, um den Fortgang der Löscharbeiten zu kontrollieren. Die amerikanischen Arbeiter hatten gerade einen neuen Stapel Kisten in Angriff genommen. Auf jedem Kollo stand die Aufschrift: „Vorsicht! Nicht stürzen!" Die Begleitpapiere wiesen durch nichts auf eine Gefährlichkeit des Inhaltes hin. Die erwähnte Aufschrift findet sich auf der Hälfte der vielen tausend Kisten einer großen Dampferladung. Trotzdem wies der Zweite die Arbeiter an, diese Kisten vorsichtig zu handhaben. Schon war ein Teil an Land, als sich im Raum eine furchtbare Explosion ereignete. Unter Donnergetöse schossen hohe Stichflammen aus einer der Kisten, dichter Qualm ließ nicht die Hand vor Augen erkennen. Als man endlich vom Deck aus zu Hilfe kommen konnte, da fand man vier der Arbeiter zerrissen und tot, die übrigen zehn sowie die beiden Offiziere zum Teil schwer verletzt und verstümmelt. Die Kisten enthielten Knallkorken, wie sie Radfahrer zur Abwehr von Hunden benutzen. Die Wirkung des einzelnen ist gering; doch Tausende in einer festen Kiste vereinigt bergen für alle Umstehenden eine schreckliche Gefahr.

Die Verschiffung von Chemikalien macht dem Seemann immer Sorgen. Gesetzliche Vorschriften und die Gewissenhaftigkeit jedes achtbaren kaufmännischen Unternehmens geben die größtmögliche Sicherheit beim Versand dieser Dinge. Doch unliebsamen Überraschungen ist ein Schiff leider bei aller Vorsicht ausgesetzt. Mitten in der Ladung des Dampfers

[1]) Schmieröl — nicht gefährlich.

„Westerwald" entstand auf der Reise nach Südamerika ein Brand. Dem vorzüglichen Arbeiten der gesamten Besatzung gelang es, das Feuer zu löschen, ehe es größere Ausdehnung annehmen konnte. Zweifelsfrei konnte der Brandherd in einigen Kisten, die laut Papieren "Pilles à stériliser" enthielten, ermittelt werden. Andere Kisten, in denen eine Untersuchung denselben Inhalt ans Licht förderte, waren der Reederei als "Sales industriales para uso exclusivo de molinas de harina" übergeben worden. „Salze zum ausschließlichen Gebrauch von Mühlen" klingt harmlos genug. Es schien unglaublich, als die Schiffsleitung in ihrem Bericht auf diese Sendung als Brandherd hinwies. Jedenfalls wies der Absender diese Angabe energisch zurück. Erst die Untersuchung durch das Chemische Staatslaboratorium in Hamburg gab den Seeleuten Recht, indem es bestätigte, daß es sich bei den fraglichen Stoffen um äußerst gefährliche Chemikalien handelte, die bereits bei mäßiger Erwärmung große Mengen Sauerstoff freimachen und dann ohne jede äußere Luftzufuhr von innen heraus einen Brand entwickeln konnten.

Einige Jahre vor dem Kriege bot sich den das Kap Finisterre passierenden Schiffen ein merkwürdiger Anblick: so weit der Blick reichte, bedeckten — ausgeschlachtete Hammel die Wasseroberfläche. Ein neuseeländischer Transporter, die „Papanui", hatte 30 000 Stück über Bord werfen müssen. Ein Bunkerbrand war auf die anstoßenden Kühlräume des Schiffes übergegriffen, deren Isolationswände Feuer gefangen hatten. Deren Wirkung verkehrte sich nun ins Gegenteil. Die Ladung, die sorgfältig vor jeder Erwärmung geschützt werden muß, verdarb. Ehe der Dampfer Vigo als Nothafen anlaufen konnte, mußte er sich des verwesenden und sich auflösenden ungeheuren Fleischvorrates entledigen. Nie gesehene Schwärme von Sardinen sollen zu der Zeit dort gefangen worden sein.

Ein Feuer an Bord hat heutzutage nicht im entferntesten mehr die Schrecken, wie in der Zeit der Seglerfahrten. Diese Schiffe hatten nichts als ihre von Hand getriebenen Pumpen zur Verfügung, und viele Tragödien mögen sich alljährlich auf brennenden Schiffen abgespielt haben, deren Hergang kein Überlebender je berichten konnte. Seine drahtlose Station gibt dem modernen Segler schon eine erhöhte Sicherheit auch gegen die Gefahr des Aufbrennens. Moderne Dampfer hingegen sind in weitgehendem Maße gegen Feuer durch ihre vorzüglichen Löschanlagen geschützt. Im Jahre 1932 wurden 573 Bordbrände gemeldet, 1931 sogar 608. Total verloren gingen von diesen Schiffen nur 48 bzw. 35. Schon diese Zahlen beweisen deutlich, daß wohl einmal Feuer an Bord ausbrechen kann, hingegen die Gefahr, daß es nicht rechtzeitig gelöscht zu werden vermag, verhältnismäßig gering ist.

Besonders auf deutschen Schiffen ist der Feuerschutz sehr weit ausgebildet. Seit 1928 sind 32 Dampfer über 2500 Brutto-Registertonnen verbrannt, darunter jedoch nur zwei deutsche, die „Targis" und die „Ulanga". Und letztere wäre sicher erhalten geblieben, hätte die Schiffsleitung uneingeschränkt das Kommando darüber behalten. Diese Zahlen sprechen ihre eigene Sprache.

Zwölf Großschiffe, das kleinste, die französische „Paul Lecat", 13000 Tonnen groß, brannten seit 1928. Als einziges deutsches Schiff erscheint in dieser stattlichen Liste die „Europa". Und die befand sich ja noch auf der Werft im Bau, in einem Stadium dazu, in dem viele Dutzende von großen Neubauten schon Feuer an Bord gehabt haben. Man war gerade mit dem Einbau der Inneneinrichtung und der Kühlräume beschäftigt. Inmitten umfassender Tischlerarbeiten, zwischen Bergen von Hobel- und Sägespänen muß dabei häufig mit Schneidebrennern gearbeitet oder geschweißt werden. Das Isolationsmaterial der Kühlraumwände, aus feinen Korkspänen mit einem bituminösen Bindemittel gepreßte Ziegel, kann obendrein einen Funken tagelang glimmend halten, der dann nachts in einer unbewachten Stunde aufflackert. Vor allem war des Schiffes eigene Feuermelde- und Löschanlage ja noch gar nicht eingebaut! Das unterscheidet diesen Brand grundsätzlich von den übrigen elf! Noch war es ja kein Schiff, das seiner eigentlichen Bestimmung schon übergeben worden wäre. Jetzt auf der fahrenden „Europa" kann es selbst bei vorsichtigster Beurteilung als ausgeschlossen gelten, daß ein Feuer nennenswerte Ausdehnung gewinne. Die genialen Schutzanlagen deutscher Großschiffe garantieren den Reisenden im Verein mit der Verwendung schwer brennbaren Materials und feuerfester Farben größte Sicherheit. Mit berechtigtem Stolz können die deutschen Reedereien und Seeleute darauf hinweisen, daß in der Geschichte der Seefahrt kein Fall bekannt ist, bei dem ein Passagier eines deutschen Schiffes durch Feuer Schaden erlitten hätte!

Und welch furchtbare Brandkatastrophen haben sich schon an Bord abgespielt! Auf offenem Atlantik verbrannte am 9. Oktober 1913 der englische Passagierdampfer „Volturno", ein Schwesterschiff der „Vestris". Ein großer Teil der Boote verunglückte, fremde Hilfe kam zu spät, so daß dieses Feuer 227 Opfer forderte. Die französische Flotte ist schon wiederholt von Brandunfällen schwerster Art heimgesucht worden. 1904 explodierte der große Passagierdampfer „General Slocum" im New Yorker Hafen, wobei 447 Menschen ums Leben kamen. Und die Explosion der „Liberté" im Hafen von Toulon 1911 kostete 300 Tote.

Frisch im Gedächtnis der Welt lebt noch die Nachricht von dem Brand des Passagiermotorschiffes „Georges Philippar". Das mit verschwenderischem Luxus eingerichtete Schiff hatte in den Häfen des Ostens auf seiner ersten Reise größtes Aufsehen erregt. Auf der Rückreise von Yokohama nach Marseille führte es 30 000 Pfund Sterling in Silberbarren mit. In der Nacht zum 16. Mai 1931 brach in einer Kabine ein unbedeutendes Feuer aus. Daß dieses zum Verluste des 17 359 Tonnen großen modernen Schiffes führen konnte, ist ein schwerer Vorwurf gegen die Organisation des Sicherheitsdienstes an Bord. Auf jedem Passagierdampfer ereignet sich hin und wieder ein Kammerbrand. Unter den vielen tausend Menschen, die so ein Koloß im Laufe des Jahres beherbergt, sind unausbleiblich immer einige Dutzend besonders fahrlässige. Da wird in der Koje geraucht und mit brennender Zigarette im Rosenmund prompt eingeschlafen. Elektrische Wärmplatten und Trockenapparate werden bis zur Rotglut geheizt und auf Sesseln und Sofas liegen gelassen. Ja, Trauerfackeln — oder wenn man will Freudenfeuer lästiger Briefschaften werden unbesorgt innerhalb der engen, brokatbespannten Wände einer Schiffskabine angezündet — damit muß die Leitung eines Passagierschiffes ebenso wie die Direktion eines jeden Hotels eben rechnen. Doch das ist alles kein Grund, um sein ganzes Schiff in Flammen aufgehen zu lassen! In wenigen Minuten ist so eine Affäre mit ein oder zwei Minimaxen erledigt. Man muß nur auf dem Posten sein! Doch das „Philippar"-Unglück[1]) hat weiten Kreisen zu denken gegeben. Die Ergebnisse der amtlichen Untersuchung sind vom französischen Schiffahrtsministerium erst neun Monate nach der Katastrophe veröffentlicht worden. Sie waren höchst unbestimmt in ihren Angaben und wenig aufschlußreich.

Darauf ging durch die Tagespresse der Brief des holländischen Arztes van Tricht, der bei dem Unglück Frau und Kinder verloren hatte. Wenn man dem Schmerz des trauernden Gatten und Vaters auch einiges zugute halten will, so muß es doch bedenklich stimmen, wenn man hier aus

[1]) Und neuerdings der Brand des amerikan. Passagierdampfers „Morro Castle", dem 200 Menschen zum Opfer fielen, ebenfalls. D. V.

dem Munde eines Zeugen der Katastrophe hört, daß die Fahrgäste nicht auf Anordnung der Schiffsleitung von der drohenden Gefahr benachrichtigt und geweckt wurden, sondern der Alarm von einem dänischen Herrn ausging, dessen Kojenwand so heiß geworden war, daß er davon munter wurde! Und was er über das Aussetzen der Boote und die Abbergung der Fahrgäste berichtete, ist für die Disziplin an Bord nicht gerade schmeichelhaft. Ein recht eigenartiges Licht wirft es auf das Unglück, daß im Juli 1933 die englischen Versicherer nach eingehendem Studium des amtlichen französischen Berichtes sich an die Reederei der „Georges Philippar" mit dem dringenden Ersuchen auf Rückzahlung der Versicherungssumme wendeten. Als Begründung für diese in der Geschichte der Großschiffahrt einzige und darum größtes Aufsehen erregende Forderung wird angeführt, daß die Auszahlung nie erfolgt wäre, wenn man den amtlichen Bericht schon vorher hätte einsehen können. Wer zwischen den Zeilen zu lesen versteht, der wird sich in aller Zukunft wohl einer Flagge anvertrauen, welche ihm die Garantie größerer Sicherheit bietet, als die Farben es vermögen, die über der „Georges Philippar" flatterten.

Ein bemerkenswertes Mißgeschick hat die schöne „Bermuda", den 19000-Tonner der englischen Furneß-Linie, verfolgt. Erst 1928 mit der teuersten Ausstattung erbaut, geriet das Schiff 1931 in Brand und mußte der umfangreichen Schäden wegen in seine Bauwerft nach Belfast gebracht werden. Kaum war die kostspielige Reparatur beendet, zerstörte ein Riesenfeuer das noch in der Werft liegende Schiff so gründlich, daß von einer abermaligen Instandsetzung abgesehen werden mußte. Daher verkaufte man es als Alteisen zum Abbruch nach Rosyth am Firth of Forth. Bei der Überführung geriet das Schiff in schlechtes Wetter, die Schlepper konnten den leeren, hoch aus dem Wasser ragenden Rumpf nicht gegen den wütenden Sturm halten, und die „Bermuda" endete so ihre Laufbahn auf den Eddrachilles-Klippen an der Nordwestküste Schottlands.

Welch ungeheure materiellen Verluste durch Schiffsbrände entstehen, mag eine Aufstellung der für die letzten zehn Großbrände ausgezahlten Versicherungssummen verdeutlichen. Es wurden bezahlt nach dem Brand der

| | |
|---|---|
| „Europa | 900000 Pfund Sterling |
| „Paris" | 75000 |
| „City of Honolulu" | 350000 |
| „Bermuda" | 1500000 |

| | |
|---|---|
| „Segovia" | 900000 Pfund Sterling |
| „Moldanger" | 100000 |
| „Duke of Lancaster" | 200000 |
| „George Philippar" | 1200000 |
| „Pieter Corneliuszoon Hooft" | 700000 |
| „L'Atlantique" | 2000000 |

Im Verlaufe ganz weniger Jahre ist durch die erwähnten zehn Brände demnach ein Gesamtschaden von 158 500 000 Mark entstanden! Und hierin fehlt noch die Versicherungssumme für die „Empreß of Scotland", einen luxuriösen englischen Passagierdampfer von 25 000 Tonnen, welcher im Dezember 1930 verbrannte. Auch der dadurch entstandene Schaden dürfte nicht viel unter 20 000 000 Mark gelegen haben![1])

## Piraten von heute.

Wenn der Seemann wieder einmal die reisemüden Beine unter Mutters Tisch ausruhen kann und von denen daheim gebeten wird, etwas von „draußen" zu erzählen, dann verfalle er um Himmels willen, so er von Ostasien gekommen ist, nicht in den Fehler, von den letzten Piratenüberfällen zu berichten. Ungläubiges Lächeln und ein milder Hinweis auf das bekannte Seemannslatein sind ihm sicher. Und doch ereignen sich in unseren Tagen dort draußen Dinge, die der Durchschnittszeitungsabonnent für Münchhausiaden hält. Unglauben schafft Tatsachen jedoch nicht aus der Welt, und das Englische Parlament hat in manch aufgeregter Sitzung sich mit diesen Vorfällen befassen müssen. Denn in erster Linie ist es die englische Küstenschiffahrt in den chinesischen Gewässern, die auch heute noch durch richtiggehende romantische Piraten bedroht wird.

Von Hongkong ging am 14. November 1926 der Dampfer „Sunning" in See. Wie gewöhnlich war das Schiff mit Kajüts- und Deckspassagieren voll besetzt. Bei Einbruch der Nacht waren die hohen Berge der Küste nur noch undeutlich zu sehen. An Deck richteten sich die Chinesen mit ihren Stapeln von Kästen und Mattenbündeln für die Nacht ein. Auf einmal ein hastiges Rennen, unterdrücktes Rufen, ein, zwei Schüsse — und ehe

[1]) Der Schaden des „Morro Castle"-Brandes wird von amerikan. Zeitungen mit 4800000 Dollar angegeben.

die Offiziere sich versahen, befanden sich Brücke und Maschinenraum bereits in der Hand von Piraten. Vierzig Mann stark hatten sie sich als harmlose Deckspassagiere eingeschlichen. Der Überfall kam so vollständig überraschend, daß Gegenwehr blanker Selbstmord gewesen wäre. Mit vorgehaltenem Revolver wurden die Offiziere gezwungen, Kurs auf die Bias-Bucht zu nehmen. Das ist ein tief ins Land schneidender Meeresteil mit Hunderten kleiner Inseln und Riffe, engen Kanälen und Durchfahrten und zahlreichen weit ins Land reichenden Fjorden. Ein idealer Schlupfwinkel für lichtscheues Gesindel. Diesen Teil der Chinaküste bewohnen die Hakka-Leute. Als Fischer mit der gefährlichen Flachsee von Kindesbeinen an vertraut, stellen sie das Gros aller Schmuggel- und Piratenbanden der Gewässer Chinas. Schon während der Fahrt wurde der Dampfer von oben bis unten durchwühlt, alles irgendwie Wertvolle genommen und an Deck aufgestapelt. Vier Mann der gelben Besatzung und ein chinesischer Passagier gingen erbarmungslos über die Seite, als sie die geringste Neigung zur Gegenwehr zeigten. Gegen Mitternacht gelang es den Offizieren, sich unauffällig zu beraten. Ein Entschluß wurde gefaßt, der Aussicht auf Erfolg verhieß. Der Zweite verwickelte die beiden bewaffneten Kerle, die mit ihren Revolvern die Brücke in Schach hielten, in ein Gespräch und verstand es, ihre Aufmerksamkeit abzulenken. Das war ihr Verderben. Mit einem Satz hatten Kapitän und Erster Offizier die schweren, zylindrischen Bleilote an sich gebracht — ehe die Piraten die Hand an die Waffe legen konnten, sackten sie mit zerschmetterten Schädeln zusammen. Schnell bewaffneten sich die Offiziere mit den Revolvern und Patronen der Erschlagenen. Sie waren Herren der Brücke. Als der Bug des Dampfers sich wieder der offenen See zudrehte, merkten die Piraten, was auf der Brücke vorging. Prompt stoppten sie die Maschine. Die Anstürmenden empfing ein Hagel von Revolverschüssen. Mehrere Male versuchten sie vergebens, die Brücke zu erreichen. Zehn von ihnen mußten's mit dem Leben büßen. Schließlich trieben die Halunken die Ingenieure des Schiffes als Deckung vor sich her, von denen einer auch schwer verwundet wurde. Nach mehreren Stunden jedoch mußten die Burschen eingesehen haben, daß sie so nicht zum Ziele kamen. Für eine Zeitlang herrschte Stille an Deck. In der Dunkelheit vermochten die Offiziere nicht auszumachen, was die Bande nun plante. Da drang scharfer Benzingeruch zu ihnen herauf, und gleich darauf leckten helle Flammen rings an dem Brückenaufbau empor. Das bittere Ende schien gekommen. Beißender Qualm zog in dichten Schwaden über die Brücke. Unten johlten und jauchzten die Teufel. Hier griff in höchster Not eine andere Macht unerwartet ein: der Wind sprang plötzlich um, jagte das Feuer auf die Piraten zu, die sich Hals über Kopf in die Boote retten mußten. Doch inzwischen war unbemerkt das englische Küstenwachtschiff „Bluebell" herangekommen. So wurde der Sieg vollkommen. Dreizehn Mann der Bande wurden noch an Bord gefaßt, weitere neun in einem Boot auf der Flucht erwischt. Zehn waren erschossen und nur sechs entkamen in den Schutz ihrer heimischen tausend Inseln, zwischen die ihnen kein europäisches Fahrzeug zu folgen vermag.

Im Oktober des nächsten Jahres nahmen Piraten den 1400 Tonnen großen Dampfer „Irene" auf der Reise von Shanghai nach Amoy. Es war ein Überfall nach im Handwerk erfahrener und ruhmreicher Vorfahren Methode. In Dschunken waren sie längsseits gekommen und hatten in einem Kampfe Mann gegen Mann das Schiff geentert. Leider kam ihnen während der Siegesfeierlichkeiten ein Kanonenboot auf den Hals, und sie mußten schleunigst das Weite suchen. Bei der Beschießung fing jedoch der Dampfer Feuer, brannte total aus und sank.

Wieder ein Jahr darauf, am 10. November 1928 wurde der chinesische 1900-Tonner „Hsin-Chi" durch Piraten genommen, die sich als Passagiere eingeschlichen hatten. Hier verlief alles programmäßig. Allerdings verfahren die Kerle mit ihren Volksgenossen weniger zeremoniell als mit Europäern. Die chinesische Schiffsleitung und die Maschinisten wurden kurzerhand niedergeknallt, das Schiff in einer idyllischen, stillen Bucht auf Strand gesetzt, die Ladung fein säuberlich gelöscht und dann durch Feuer das corpus delicti beseitigt.

Das hatte so vorzüglich geklappt, daß diese unternehmende Gesellschaft bereits im folgenden Monat einen neuen Streich wagte. Doch Ehrgeiz wies ihnen höhere Ziele. Diesmal hatten sie's auf einen chinesischen Tourendampfer der China Navigation Co., die „Tung chow", abgesehen. An einem Freitagnachmittag geriet der Dampfer in der Nähe der reizvollen Bias-Bucht zwischen eine Reihe Fischerfahrzeuge. Ungeschickt fuhren diese der „Tung Chow" gerade vor den Bug, und um die armen Fischerleute nicht zu rammen, wurde die Maschine gestoppt und allerhand schwierige Wendungen gefahren. Nun ging der gewohnte Zauber los! Schreien und Rennen unter den zahlreichen Deckspassagieren, peitschende Schüsse, ein Dutzend wüster, mit Gewehren, Pistolen, Hackmessern und

Dolchen bewaffneter Burschen sprang die Brückentreppen empor. Den großen Kerl, der dem Kapitän Mackintosh seinen Sechsschüsser unter die Nase hielt, packte der unerschrockene Seemann und drehte ihm den Arm aus dem Gelenk. Vor Schmerz brüllend, rannte der dem Kapitän mit dem Schädel unters Kinn, der Getroffene taumelte, stürzte rücklings die Treppe hinab und blieb unten mit gebrochenem Bein liegen. Die anderen Offiziere waren durch die Übermacht auch bald außer Gefecht gesetzt und unter ständiger bewaffneter Bewachung ins Kartenhaus eingeschlossen worden. Auch der Maschinenraum und die europäischen Passagiere im Salon waren überrumpelt, das Schiff befand sich völlig in der Gewalt der Piraten. Die harmlosen Fischersampans lagen nun wie ein Rudel Haie um einen toten Walfisch. Nach einem herzhaften Rundtrunk gingen die Kerle mit Feuereifer an die systematische Plünderung der Ladung des Schiffes und der chinesischen Deckspassagiere. Den Europäern wurde kein Haar gekrümmt. Endlich schienen die Geschäfte der Piraten abgeschlossen. Nach einem abermaligen urkräftigen Salamander stiegen sie grinsend in ihre hochbepackten Sampans über und verschwanden mit fröhlichem Geschnatter in der Richtung ihrer Schlupfwinkel. Unbehelligt kam die „Tung chow" am folgenden Morgen in Hongkong an.

So groß ist die Piratengefahr in jenen Gewässern, daß sehr viele der dort regelmäßig verkehrenden Küstendampfer den ganzen Brückenaufbau einschließlich der Wohnräume der Offiziere und Maschinisten mit einem schweren, an eine Zirkusmanege erinnernden Eisengitter, sog. Grills, umbauen ließen. Auch fahren diese Schiffe als Steuerer nicht mehr Chinesen, sondern indische Laskaren, die obendrein in der Handhabung von Gewehren ausgebildet werden. Daß auch diese Maßnahmen keinen vollkommenen Schutz bedeuten, mußte der englische Dampfer „Hai Ching" auf der Reise von Swatow nach Hongkong erfahren. Es war tief in der Nacht von Sonnabend auf Sonntag Anfang Dezember 1929. Die wenigen Kajütspassagiere, Engländer und Amerikaner, und die dreihundert Deckspassagiere schliefen fest. Auf der Brücke befanden sich der Wachhabende, der Steurer und zwei Mann der indischen Besatzung, alle bewaffnet. Die Türen des Grill waren verschlossen. Ganz plötzlich erfolgte der Ansturm auf die Brücke. Ungefähr dreißig Mann stark rannte die Bande unter heftigem Schießen die Treppe empor und suchte die Grilltüren mit Brecheisen aufzusprengen. Innerhalb weniger Augenblicke hatten sich alle Europäer der Besatzung auf der Brücke versammelt und eröffneten ein Schnellfeuer auf die Angreifer. Einer der verwegensten Piraten kroch dicht an das Gitter heran und tötete durch einen sicheren Herzschuß den Dritten Offizier Woodward. Ein Inder wurde ebenfalls erschossen, der Erste Offizier schwer verwundet. Kein Schauerfilm vermag die Schrecken der nun folgenden Szenen zu schildern. Die Karabiner der indischen Mannschaften, Revolver und Gewehre der Offiziere spieen Salve um Salve in die heulende dunkle Masse an Deck, eine entsetzliche Panik brach unter den Deckspassagieren aus. Mütter umklammerten ihre Kinder, suchten über die Körper Gestürzter hinweg möglichst weit von dem Kampfplatz zu fliehen. Männer rangen verzweifelt um einen Weg zu den Booten, Schreie und Flüche gellten, und über allem die schauervolle Dunkelheit.

Mit erneuter Wut stürzten die Piraten vor, blind vor sich hin feuernd, um plötzlich wie angewurzelt anzuhalten. Eine unirdische Helle fraß sich in ihre Augen. Geblendet starrten sie in ein Übermaß von Licht — die Offiziere hatten die Scheinwerfer der Brücke aus allernächster Nähe auf die Banditen gerichtet. Wohlgezielte Schüsse schlugen in verkrampfte Körper. In ohnmächtigem Zorn wichen die Räuber zurück. Nun griffen sie zum Letzten. Ballen und Kisten der Ladung schoben sie als Deckung vor sich her bis zum Grill, türmten einen Wall quer über das Schiff. Dann begossen sie alles mit Benzin und steckten es an. Die Angst der Passagiere an Deck steigerte sich beim Anblick der hochaufzüngelnden Flammen zum Wahnsinn. Unbarmherzig kämpften alle gegen alle um die Boote. Gepfropft voll mit einer wie irrsinnig kreischenden Menge stürzte das erste kopfüber in die Flut. Wie Kletten ineinandergekrallt, zogen sie sich gegenseitig in die Tiefe. In dieser höchsten Not traf auf die drahtlosen Hilferufe des Schiffes das englische Kanonenboot „Sterling" ein, das gerade in der Nähe der Bias-Bucht vor Anker gelegen hatte. Mit dessen Unterstützung gelang es der Schiffsleitung, der Piraten Herr zu werden und das Feuer zu löschen. Der dämmernde Morgen enthüllte ein Bild des Grauens. In großen Lachen schwärzlichen Blutes lagen von Kugeln und den Tritten Hunderter von stampfenden Füßen Verwundete und Getötete. Halbverbrannte Ladung war über das ganze Schiff verstreut. Schwimmwesten, Waffen, Gepäckstücke, Kleider, alles bildete ein unentwirrbares Durcheinander, in dem verzweifelte Chinesenfrauen hockten, ihre toten Kleinen in den Armen. Zwölf von den Piraten lagen tot, achtunddreißig waren schwer verletzt und wurden dem Henker in Hongkong übergeben. Von den unglücklichen Passagieren waren allein mehr als sechzig ertrunken und sehr viele erschossen und verletzt worden.

So betreiben die munteren Hakka-Leute unbekümmert um Völkerbundsreden und Abrüstungskonferenzen ihre Raubkriege gegen die Schiffe der verhaßten Fang-Wei und die ihrer Landsleute, die es den fremden Teufeln gleichtun. Anfang März 1933 führten sie einen Schlag von beispielloser Dreistigkeit. Fast im Angesichte Hongkongs überfielen sie in der Bisrah-Bucht den 3000 Tonnen großen Dampfer „Gustav Diedrichsen" aus Apenrade. Der Erste, der gerade auf Wache war, wehrte sich und wurde niedergeknallt. Mit dem letzten Rest seiner Kräfte rettete er sich in die Funkstation und gab drahtlose Hilferufe ab. Diese halfen jedoch auch nichts. In aller Ruhe plünderte die Bande das Schiff und nahm mit ihrer Beute noch drei reiche chinesische Passagiere als Geiseln mit. Im April wars ein englischer Frachtdampfer, den sie beehrten. Wieweit die Achtung des gelben Mannes vor dem „weltbeherrschenden" Europäer gekommen ist, geht aus der Tatsache hervor, daß sie hier vier englische Schiffsoffiziere als Geiseln mitnahmen und erst nach Zahlung eines hohen Lösegeldes nach Hongkong zurückkehren ließen. Welchen Eindruck die darauf folgende recht stürmisch verlaufene Sitzung des englischen Unterhauses auf die Herren Seeräuber gemacht hat, ist leider nicht bekannt. Es sei denn, daß man ihr nächstes Stücklein als diplomatische Antwortnote werten will.

Da war keine 25 Seemeilen von Macao und noch dichter bei Hongkong ein Zollwachtschiff auf eine Untiefe geraten. Aufmerksam wie die Hakka-Leute nun einmal sind, waren sie auch sofort mit einigen Fahrzeugen zur Stelle. Während der sich bald entspinnenden, mit Hinterladern eifrigst geführten Verhandlungen wurden zwei europäische Zollbeamte und ein chinesischer Maschinist getötet, alle übrigen Mitglieder der Zollbesatzung mehr oder weniger ernst verwundet. Zum weiteren Widerstand zu schwach mußten sie von dem Angebot freien Abzuges Gebrauch machen und fuhren im Boot nach Hongkong ab. Die Piraten dagegen machten das Zollschiff wieder flott und verschwanden damit vergnügt nach ihrem Schlupfwinkel. Sicherlich wird das schnelle Fahrzeug sich in so tüchtigen Händen bei noch ähnlichen Unternehmungen gegen Europäerschiffe bestens bewehren.

Einen nicht gerade übertriebenen Respekt vor der Flagge des meerbeherrschenden Albion verrät ein Stücklein, das die wahren Herren der fern-östlichen Küsten sich am 29. März 1933 gestatteten. An diesem Tage nämlich wurde von ihnen der englische Dampfer „Nan-chang“ nach guter alter Vätersitte von Dschunken umringt und gekapert. Störtebeker hätte das nicht schneidiger vollführen können. Nach Übernahme alles Wertvollen schien die Beute den gesteigerten Ansprüchen der Hakka-Leute der Anstrengung nicht angemessen. Deswegen nahmen sie bei der Rückkehr in ihre heimatlichen Buchten vier englische Schiffsoffiziere mit, denen das "Civis Britannicus sum" angesichts der Souveränität eines chinesischen Seeräuberhauptmannes anscheinend herzlich wenig zu helfen vermochte. Den Dritten Ingenieur hielt man offenbar für kommerziell am wenigsten verwertbar. Darum schickte man ihn nach Newchang zurück mit der höflichen Mitteilung, daß die Untertanen der geschätzten englischen Krone selbstverständlich in guter Obhut wären und unversehrt wieder in den Schutz ihrer mächtigen Flagge zurückkehren könnten, wenn erst eine geringfügige Formalität erfüllt sei. Man hätte nur nötig, 100 Maschinengewehre eines Englands würdigen, modernen Fabrikats und die dazu passende Munition, so etwa 500 000 Schuß, ferner 120 deutsche Revolver — wieder eine Empfehlung für das "Made in Germany" — mit 5000 Patronen, 20 Grabenmörser mit 5000 Geschossen und 1 Million Dollars an einen bestimmten, idyllisch und friedlich gelegenen Ort zu schicken. Ein am Werte dreier britischer Untertanen gemessen recht bescheidenes Lösegeld, das immerhin reelle Absichten für die Zukunft vermuten läßt. Hingegen würden sich unfreundliche Aktionen unwiderruflich im ungünstigen Sinne für das Wohlbefinden der englischen Gäste auswirken.

Ein Vierteljahr später, am 12. Juli, fragte ein Mitglied des englischen Unterhauses in öffentlicher Sitzung nach dem Schicksal der drei entführten englischen Seeleute. Darauf antwortete der Vertreter der britischen Regierung, daß nach unbestätigten Gerüchten zwei dieser Offiziere der Gefangenschaft Anfang Juli entkommen wären. Die japanischen und mandschurischen Behörden hätte die Absicht geäußert, energisch gegen die Schlupfwinkel der Seeräuber vorzugehen. Jedoch habe der englische Konsul gewaltsamen Maßnahmen dringend widerraten im Hinblick auf die Gefährdung des Lebens der Gefangenen. Trotzdem sei eine japanisch-mandschurische Strafexpedition am 18. Juli gegen die Piratennester erfolgt. Sieben Dschunken wären verbrannt, gegen zwanzig Piraten getötet worden. Leider habe sich von den drei Gefangenen keine Spur entdecken lassen. So geschehen im Jahre des Heils 1933!

An einem Maiabend dieses Jahres verließ der norwegische Dampfer „Prominent" aus Haugesand Hongkong mit der Bestimmung nach Saigon. Als das Schiff aus dem schwierigen Wasser in Landnähe heraus war, ging der Kapitän von der Brücke und legte sich schlafen. Dumpfes Lärmen über seinem Haupte ließ ihn bald wieder hochfahren. Auf die Brücke eilend, fand er seinen Zweiten im Handgemenge mit sechs stämmigen Kerlen. Piraten hatten das Schiff geentert. Es gelang der Bande, die „Prominent" in ihre Hände zu bekommen. Ein kleines in der Nähe befindliches Polizeifahrzeug wurde durch Gewehrfeuer zurückgeschlagen und Kurs auf einen stillen Winkel der Küste zu genommen. Stunden verfolgte das Motorboot den Dampfer und rief indessen das englische Kriegsfahrzeug „Whitshed" herbei. Erst den gewichtigen Argumenten von dessen Maschinengewehren gelang es, die Piraten zur Aufgabe der „Prominent" zu überreden. Der Kapitän mit einem schweren Beinschuß und andere Leute der Besatzung mit leichteren Verletzungen waren die Leidtragenden der Affäre.

Mit tausend japanischen Flüchtlingen an Bord dampfte Anfang Juni 1933 der japanische Passagierdampfer „Hoshima Maru" von Tientsin nach Dairen. Auch einige zwanzig harmlos aussehende Chinesen befanden sich unter den Deckspassagieren. Auf einen Pfiff warfen sie zugleich ihre Überkleider ab, und da sah man, daß sie von Waffen nur so klirrten. Durch überlegtes und entschlossenes Vorgehen hielten sie das ganze, wimmelnd voll besetzte Schiff in Schach. Aufs gewissenhafteste plünderten sie dann die Schiffskasse und sämtliche Passagiere. Es waren sehr viele begüterte Kaufleute darunter, welche auf die Flucht natürlich möglichst viel Bargeld und Juwelen mitgenommen hatten. So soll diese Unternehmung ein glänzendes Geschäft geworden sein. Schließlich zwangen die Burschen das Kommando des Dampfers, eine in Sicht kommende Fischerflotte anzusteuern. Auf ein eigenartiges Signal hin kamen zwei Dschunken längsseits und die dreiundzwanzig Kerle schwangen sich mit ihrer Beute behende über die Seite. Man hat nie eine Spur von ihnen finden können.

## Blitze aus heiterem Himmel

Schiffe sind den unmöglichsten Gefahren ausgesetzt. Da läuft die wunderschöne „Baden", voll besetzt mit Passagieren, aus dem Hafen von

Rio de Janeiro. An Land gehen die Wogen der Begeisterung hoch, wieder mal ist eine der unzähligen Revolten siegreich durchgeführt. An Bord ist man froh, den Scherereien der provisorischen Behörden entgangen zu sein und freut sich der frischen Brise, die vom freien Meere her grüßt. Jetzt passiert der Dampfer die von den grünen Höhen drohenden uralten Festungsanlagen. Bunte Flaggen wehen von ihrem Signalmast. Sofort spähen von der Brücke scharfe Gläser, schnell wird das Signalbuch zu Rate gezogen — kopfschüttelnd hört der Kapitän die Meldung seines Vierten Offiziers über die Bedeutung des Signales. Genauer werden die Flaggen ins Auge gefaßt; doch es besteht kein Zweifel — man hat richtig gesehen, es sind die Flaggen G R K. Noch einen Blick ins Signalbuch, da steht's: „Boot kann mit Rudern nicht vorwärts kommen." Mit der „Baden" kann dieses Signal unmöglich etwas zu tun haben. Es fehlt jede Spur des Zusammenhanges. Auch hat man ja die abgestempelte, schriftliche Erlaubnis zum Auslaufen und ist somit fertig mit diesem sonst so anziehenden Hafen. Schon rauscht man an den äußersten Forts vorüber, aller Aufmerksamkeit richtet sich auf die Ausfahrt. Niemand sieht die Wölkchen, die wie Wattebäusche von den Mauern des Forts auffliegen, keiner sieht die schmalen Fontänen, die in der Nähe des Dampfers aufspritzen. Wie ein Blitz aus heiterem Himmel haut plötzlich eine Gigantenfaust in die dichtgedrängte Menge am Achterdeck. Der Krach einer Explosion — Körper wirbeln, der Mast neigt sich und stürzt, Rauchschwaden zerflattern über zerrissenen Leibern. Ein Mißverständnis, so heißt es hinterher. Stumpfsinniges Draufschlägertum eines winzigen, umsturzberauschten Rädchens der großen Staatsmaschine gab diesen unsinnigsten aller Befehle. An dem friedlichen Handelsschiff wollte sich Heldenmut erproben, der in Wahrheit Feigheit entsprang. Still liegt das schöne Schiff, sein blankes Deck von Blut besudelt. Stumm liegen fünfunddreißig mit starren Augen und klagen wahnwitzigen Zerstörertrieb an.

Die Dampfer, die zur Zeit der Chinaunruhen vor einigen Jahren den Yangtsekiang die 640 Seemeilen stromaufwärts nach Hankow dampften, mußten Brücke und Ruderhaus gegen Gewehrfeuer mit Barrikaden von Sandsäcken schützen. Gar manches dieser Schiffe kam wieder den Fluß herab, das glatte Teakholz des Kartenhauses getupft mit den Kugellöchern der chinesischen Geschosse. Auch auf der Brücke eines Handelsschiffes ist mitunter „dicke Luft"!

# Verschollene Schiffe

Zu den traurigsten Meldungen, die man in Schiffahrtsblättern finden kann, gehören wohl die Notizen über Verschollenheit eines Schiffes. Ungewißheit über Monate und Jahre hinaus, immer wieder erwachende und immer wieder getäuschte Hoffnungen, das ist das Los derer daheim.

Im Zeitalter der Telegraphie geschieht es selten, daß über den Verbleib eines Schiffes nichts Genaues bekannt wird. Doch immerhin führten die Listen der Versicherungsgesellschaften 1932 zwölf, 1930 sechszehn, 1928 achtundzwanzig und 1927 sogar zweiunddreißig Schiffe über 100 Brutto-Registertonnen Größe als verschollen an. Verglichen mit den Zahlen früherer Jahre erscheint diese Anzahl gering. 1890 z. B. sind dreiundachtzig Segler und sieben Dampfer spurlos verschwunden. Und 1901 blieben aus unbekannten Ursachen allein achtzehn englische Dampfer weg! Naturgemäß kamen solche Fälle in den Zeiten der Seglerfahrt öfter vor, und nach schweren Stürmen oder Schlechtwetterperioden wurden stets eine Reihe von Schiffen überfällig gemeldet. Doppelt so groß war dann die Freude der Beteiligten, wenn das vermißte Fahrzeug nach langer Reise unvermutet sich noch einfand. Doch auf die anderen wartete man vergebens. Der erste deutsche Fünfmaster, die Bark „Maria Rickmers", gehört zu den Schiffen, deren Ende in ewiges Dunkel gehüllt bleiben wird. Der größte Segler seiner Zeit, wurde das herrliche Schiff auf seiner ersten Heimreise zuletzt in der Sunda-Straße am 24. Juli gesehen. Danach blieb es verschwunden.

Ein Sohn des Kaisergeschlechts der Habsburger sollte das Geschick der verschollenen Seeleute teilen. Den jungen Erzherzog Johann hatte ein Zerwürfnis mit seinem Vater, Kaiser Franz Joseph, in die Welt hinausgetrieben. Unter dem schlichtbürgerlichen Namen Johann Orth war er nach langen Wanderjahren Kapitän des Vollschiffes „St. Margaret" geworden. Im Jahre 1890 kam er mit seinem Schiff, das in Hamburg mit 230 000 Mark versichert war, von England nach leidlicher Reise zum La Plata. Von dort ging er am 11. Juli nach Valparaiso in See, und seit diesem Tage ist die „St. Margaret" mit ihrer gesamten Besatzung verschollen. Kap Horn ist es wohl gewesen, welches mit diesem Schiffe dem ältesten Herrscherhaus des Nordens seinen Tribut auferlegte wie jeder armen Fischersfamilie, deren Söhne das Meer unter dieser finsteren Klippe durchpflügten.

Nur wenige Jahre sind es her, daß der kleine englische Postdampfer „Calder“ auf unerklärliche Weise verschwand. Das 1107 Brutto-Register-Tonnen große Schiff vermittelte als eines der sogenannten „Wochenboote“ einen Pendelverkehr zwischen Hamburg und Hull. Fahrplanmäßig war es am Abend des 17. April 1930 mit einer Ladung Stückgut und Kartoffeln sowie einer Sendung Paketpost aus der Elbe ausgelaufen. Bei Elbe III Feuerschiff hatte der Lotse dem Kapitän die Hand geschüttelt, um mit einem letzten „Gute Reise“ in sein Motorboot zu steigen. Am nächsten Tage warteten die Arbeiterkolonnen zur gewohnten Stunde am Kai in Hull, um sofort mit der Entlöschung zu beginnen. Wochenboote haben nämlich wenig Zeit. Doch die sonst so pünktliche „Calder“ verspätete sich diesmal arg. Stunde um Stunde verrann. Während die Überfahrt normalerweise sechsunddreißig Stunden in Anspruch nimmt, waren's nun fast achtundvierzig geworden. Der Telegraph spielte, Fragen schwirrten nach allen Richtungen. Niemand hatte auf der belebten Route von Hamburg nach Hull das Schiff gesehen. Da kam eine Meldung des Dampfers „Nottingham“. In der Nähe der Doggerbank hatte er ein Schiffsboot treibend gesichtet. Die Seiten wiesen die deutliche Aufschrift „Calder“. Das war die erste Spur. Und da kein Sturm geweht hatte, mußte dem Schiffe demnach ein Unheil widerfahren sein. Dann fanden Fischdampfer Wracktrümmer, die ebenfalls unzweifelhaft von der „Calder“ herrührten. Doch von der Besatzung fehlt heute noch jede Spur. Was war geschehen? War das kleine Schiff etwa von einem großen schweren Dampfer überrannt und in den Grund gebohrt worden? Dann hätte dieser es ja gemeldet oder an den unvermeidlichen Beschädigungen seines eigenen Buges hätte man ihn erkannt. Dann lag die Möglichkeit vor, daß die „Calder“ plötzlich gekentert ist. Dem widersprach jedoch der Zustand der gefundenen Trümmer. Sie wiesen deutliche Merkmale dafür auf, daß sie eine furchtbare Kraft vom Schiff gerissen habe. Vielleicht eine Explosion. Doch ob diese von einer treibenden Seemine, den Kesseln des Schiffes oder der im Raum befindlichen Ladung ausging, wird ein ewiges Rätsel bleiben.

Eines der dunkelsten Geheimnisse schlingt sich um das Verschwinden des englischen Dampfers „Waratah“ der Blue Anchor-Linie. 1908 war das Schiff für den Dienst nach Australien gebaut und mit allen technischen Errungenschaften ausgestattet worden. Die erste Rundreise verlief ohne Zwischenfall. Nur tauchten nach der Heimkehr des neuen Zehntausend-

Tonners Gerüchte auf, die wissen wollten, das Schiff rolle bei unruhigem Wetter so stark von Bord zu Bord, daß zeitweilig ein Kentern zu befürchten sei. Im April lief die „Waratah“ zum zweiten Male nach Australien. Auch diese Fahrt verlief glatt. Auf der Heimreise wurde Durban in Ostafrika angelaufen. Dort nahm das Schiff noch Ladung über, so daß sich im ganzen 10000 Tonnen an Bord befanden. Mit den Passagieren, deren Reiseziel hier erreicht war, ging ein Mann von Bord, dessen Passage bis England bereits bezahlt war. Er hatte jedoch geträumt, die „Waratah“ würde im Sturm sinken, weswegen er hier die Reise unterbrach, um sie mit einem anderen, ihm weniger verdächtigen Dampfer fortzusetzen. Am nächsten Tage ging das Schiff mit etwa zweihundert Menschen in See. Auf dem Wege nach Kapstadt signalisierte es noch mit einem anderen Dampfer. Seitdem ist es verschollen. Allerdings hatte in jenen Tagen ein heftiger Sturm die Küste bestrichen. Doch ein moderner, starker Dampfer wie die „Waratah“ ist auch schwerstem Wetter gewachsen. Trotz aller Nachforschungen, die sich bis zur Insel St. Paul erstreckten, wurde von dem großen Dampfer nicht eine Planke, kein Boot, nicht ein Rettungsring aufgefunden, der einen Schluß über den Verbleib des verschwundenen Schiffes ermöglicht hätte.

Die Teilnahme der ganzen Kulturwelt hat in neuerer Zeit das Geschick des stolzen dänischen Schulschiffes erregt, des Fünfmasters „Kjøbenhavn“. Aus bestem Stahl in Leith gebaut, hatte es auf weiten Reisen seine Zuverlässigkeit und Seetüchtigkeit selbst bei schwerstem Wetter bewiesen. Geführt wurde das Schiff von den erfahrensten Seeleuten des seebefahrenen Dänemark, so daß die Eltern der achtzig Zöglinge ihre Söhne in guter Hut wußten. Auf einer Weltumseglung begriffen, hat das Schiff am 14. Dezember 1928 Montevideo verlassen. Eine Woche später, am 21., kam noch eine drahtlose Meldung an, die besagte, daß an Bord alles wohl sei. Es war die letzte Nachricht von dem Schiffe. Ein Jahr darauf erhielten die Angehörigen der Besatzung von den dänischen Gerichten die erschütternde Mitteilung, daß die „Kjøbenhavn“ als verschollen angesehen werden müsse.

Dann kamen die ersten Gerüchte. Die einhundertundfünfzig Einwohner des einsamen Tristan da Cunha hatten Mitte Januar 1929 einen großen Segler direkt auf ihr Eiland zusteuern sehen! Anscheinend sei es ein Fünfmaster gewesen, es mußte also die „Kjøbenhavn“ gewesen sein, da kein anderes Fünfmast-Raaschiff außer diesem existierte. Trotz des stark diesigen Wetters wollten sie sogar das Merkmal des Schulschiffes, ein breites, rings um den Rumpf laufendes weißes Band, haben ausmachen können. Doch hätte man an Deck keinen lebenden Menschen wahrgenommen. Wie ausgestorben hätte das Schiff sich bis auf eine halbe Meile der Insel genähert, dann habe die Strömung das Schiff erfaßt, um ein Kap getrieben und dann sei es im Dunst verschwunden. Einige Tage später sind ein flaches Boot und ein Maschinengewehrbezug an den Strand gespült worden, beides jedoch leider ohne jede Kennzeichen. Eine ungeheure Aufregung ging durch ganz Dänemark. Hoffnungen lebten auf. Fieberhaft wurden Nachforschungen angestellt, und dann kam deren niederschmetterndes Ergebnis, daß nämlich in Wirklichkeit die finnische, früher deutsche Viermastbark „Ponape" am 21. Januar 1929 von der angegebenen Seite die Insel angesteuert und passiert habe.

Dann meldeten südchilenische Fischer, sie hätten in einem furchtbaren Norder im Frühjahr 1929 die „Kjøbenhavn" gesehen, entmastet, im Kielwasser der „Caleuche" dahinfliegend. Das ist der „Fliegende Holländer" des Kap Horn, und die aberglaubengeschüttelten Halbwilden, die auf den unwirtlichen Felseninseln dort unten am Ende der Welt hausen, halten das in grünlichem Schimmer einherziehende Phantom für ein unglück- und totbringendes Vorzeichen. An diese Meldung läßt sich nicht viel Hoffnung knüpfen. Doch in diesem Jahre erschien in einer vielgelesenen südamerikanischen Zeitung der Aufsatz eines bekannten brasilianischen Marineoffiziers, der einen Ruf als Kenner der Antarktis und ihrer Inseln genießt. Hierin wurde die Ansicht ausgesprochen, daß durchaus die Möglichkeit bestände, die „Kjøbenhavn"-Besatzung oder wenigstens Teile davon noch lebend anzutreffen. Die einsamen Inseln des Südatlantik böten hinreichend Nahrung, um eine derart lange Zeit zu überdauern. Die Ansicht der meisten Fachleute jedoch geht dahin, daß der Segler im Nebel auf einen Eisberg gerannt und mit aufgerissenem Boden so schnell gesunken ist, daß die Besatzung sich nicht mehr zu retten vermochte. Doch über das wirkliche Ende der „Kjøbenhavn" wird man wohl nie etwas Genaues erfahren.

Der Artikel des brasilianischen Offiziers ruft die Erinnerung an das Geschick der Besatzung eines englischen Seglers wach, der ebenfalls in hohen südlichen Breiten verschollen war. Mit einer Ladung Weizen hatte die 2200 Tonnen große Viermastbark „Dundonald" den Hafen von Sidney verlassen, um nach Europa zu segeln. Der zweiundsechzigjährige

Erste Offizier Peters war ein Deutscher, ebenfalls einer der Matrosen, Querfeldt. Vom Tage seiner Ausreise an wurde nichts mehr von dem Schiffe gehört, bis es amtlicherseits für verschollen erklärt wurde. Den Angehörigen der Besatzung waren von den Behörden bereits Totenscheine zugestellt, da schlug wie ein Blitz die Nachricht ein, das neuseeländische Expeditionsschiff „Hinemoa" sei mit fünfzehn Überlebenden von der „Dundonald"-Besatzung in Invercargill (Neuseeland) eingetroffen.

Bald wurde auch die Geschichte der Leute bekannt. Von Sidney ab hatte die „Dundonald" unruhiges und nebliges Wetter gehabt. Lediglich auf die Loggrechnung angewiesen, da der stets bedeckte Sturmhimmel keine Gestirnsbeobachtungen erlaubte, hatte Kapitän Thorburn den Kurs des Schiffes gut frei von den gefährlichen Klippen der Auckland-Gruppe gewählt. Am siebzehnten Tage der Reise glaubte er sich ungefähr 40 Seemeilen nordwestlich dieser Inseln. Das Wetter schien gegen Abend schlechter zu werden, darum wurden Segel festgemacht. Richtig setzten nach Sonnenuntergang heftige Regenböen ein, dicht wie ein Mantel legte sich die Dunkelheit um das Schiff. Kurz vor Mitternacht schrie der Ausgucksmann vorn auf der Back in höchster Aufregung etwas, was der Wachhabende achtern im Rauschen von Wind und See nicht verstehen konnte. Schnell eilte er voraus, um selbst nach dem Rechten zu sehen, und erblickte dicht vor dem Schiffe den grünlich-leuchtenden Phosphorstreifen haushoher Brandungswellen. Hart an den Wind wurde das Schiff gebracht, die Seeleute rissen auch ohne die anfeuernden Rufe der Offiziere an den Brassen wie Besessene. Jeder wußte, was dieses dumpfe Rollen bedeutete, das immer deutlicher aus der Nacht herüberwehte.

Doch alle Anstrengungen waren vergebens. Drohend trat eine pechschwarze Wand aus dem Dunkel — kam näher. Schon fegten die ersten Brecher der Brandung mit unwiderstehlicher Gewalt über das Deck und trieben einen Teil der Mannschaft nach vorne in den Schutz der Back. Einige sprangen nach achtern auf die Poop zum Kapitän, die übrigen flüchteten nach oben in die Takelage. Krachend stieß das todgeweihte Schiff ein, zweimal auf die Klippen. Da packte es eine riesige Woge, noch einmal schwamm es hoch empor, dann schmetterte es in die Felsen am Fuße der senkrecht aufragenden Wand. Mit Donnergetöse stürzten Vor- und Großmast in die über den Rumpf brandende Flut. Jetzt jagte Brecher auf Brecher schäumend über die zerschmetterte Reeling, rammte die Trümmer der Takelung nach vorn unter die Back, in deren Schutz die Leute sich in Sicherheit geglaubt hatten. Eingekeilt zwischen zersplitterten Raaen und einem Chaos von Tauwerk ertranken sie wie Ratten in ihren Löchern. Als der Tag graute, enthüllte er ein Bild völliger Zerstörung. Das Schiff lag vorn unter Wasser, Trümmer der Takelage wurden wie Rammblöcke auf dem Deck entlang gewaschen. Noch standen der Besan- und Kreuzmast. Elf Mann hingen halb erstarrt in den Raaen, zwei hockten auf einem engen Vorsprung der Felswand, konnten aber weder vorwärts noch zurück. Drei andere waren von der Großbramraa gleich nach der Strandung auf ein Felsband übergestiegen, von dem sie in halsbrecherischer Kletterpartie die Kante des Inselplateaus zu erreichen vermochten. Das wegsackende Schiff hatte seine Masten danach wieder von der Wand entfernt, so daß ein Übersteigen in die Felsen unmöglich war. Ein Tau mußte als Brücke dienen. Durch acht Meter Luft hantelten sie an einem Ende frei schwebend hinüber. Fünfundzwanzig Meter unter ihnen ragten spitz wie Raubtierzähne aus kochender Brandung die Klippen. Doch es gelang.

So landete der Erste und Zweite Offizier mit vierzehn Mann von der „Dundonald" auf dem öden Felsplateau einer Insel der Auckland-Gruppe. Welche es tatsächlich war, das wußten sie nicht. Einsam standen sie auf windumbrauster Höhe, hundert Meter unter ihren Füßen donnerte die Brandung und zerstörte in wenigen Stunden ihr Schiff. Nicht eine Planke, nicht ein Tau, keinen Proviant hatten sie zu bergen vermocht — nichts, was ihnen das Leben hätte erleichtern können. Sofort machten sie sich an eine Untersuchung ihres Verbannungsortes. Er erwies sich als ein trostlos kahles Felseneiland von etwa drei Meilen Länge und einer Meile Breite. Von Lebewesen waren nur Robben und Seevögel zu sehen, spärliche Büsche und wenige windzerzauste Bäume auf moorigem Grund die ganze Vegetation. Furchtbare Leiden standen den armen Verlassenen bevor. Zum Glück kannten die Seevögel auf diesen völlig einsamen Klippen keine Menschen, so daß man sie mit der Hand greifen konnte. Doch roh wie sie gefangen wurden, mußten sie auch verzehrt werden. Alle Versuche, aus Steinen Feuer zu schlagen oder durch Reiben von Holzstückchen Glut zu erzeugen waren vergebens. Zum Glück regnete es häufig, wenigstens der quälendste Feind Schiffbrüchiger, der Durst, blieb ihnen erspart. Doch waren es auch so der Leiden genug. Hinter Steinen, unter Haufen feuchten Mooses und Torfs vergraben, brachten sie die kalten

Nächte zu. Nach zwei Wochen starb der greise Erste. Schon seit der Strandung hatte er an einer Quetschung der Brust gekränkelt. Schweigend umstanden sie das frische Grab. Wer würde wohl der nächste sein?

Dann kam ein unerhörter Glücksfall: ein Matrose entdeckte im Futter seiner Jacke elf Wachshölzchen! Mit unendlicher Sorgfalt wurde dieser Schatz an geschützter Stelle getrocknet. Mißtrauisch bewachten drei Mann den unschätzbaren Besitz, die anderen sammelten das dürrste Holz und erjagten einige Vögel. Dann standen sie mit angehaltenem Atem rings um den in ihrer Mitte knieenden Zweiten, der sorgfältig beschirmt von der Höhlung seiner Hände das erste Hölzchen an einem Stück trockener Rinde anrieb. Behutsam wie die Hand eines Chirurgen bewegten sich die erdbraunen Hände, ein leises Schaben, — nichts. Dann eine energische Bewegung — vor dem Starren von dreißig saugenden Augen blätterte die Hälfte der schwärzlichen Kappe ab. Keine Wimper zuckte, als die Hand mit dem kostbaren, zierlichen weißen Stäbchen wieder anruckt — ein Knicken, leis wie ein Hauch nur, und doch dröhnt es diesen Männern in den Ohren wie das Stürzen ihrer Masten. Schmerzliches Stöhnen entringt sich den verwilderten Gesichtern. Als das zweite Hölzchen zerspellt, ohne die ersehnte Flamme gebracht zu haben, kann der Zweite das nächste nicht fassen, so zittern dem Wetterharten die Hände vor übergroßer seelischer Spannung. Und als das dritte zerbricht, nutzlos, da rollen ihm zwei schwere Tränen in den struppigen Bart. Ächzend richtet er sich auf, schüttelt verzweifelt den Kopf. Mit heißen Augen bitten ihn die anderen. Noch einmal soll er's versuchen, er war ja doch stets ihr Führer, er wird ihnen auch jetzt Hilfe bringen. Eisern bezwingt er seine Erregung, faßt Rinde und Hölzchen, ein Ruck — in atemlosem Entzücken starren die Männer auf das blasse Flämmchen, das da in der Hand ihres Offiziers aufspringt. Als das dürftige Rindenfeuerchen brennt, da können sie sich nicht fassen vor Freude. Stumm die einen, in wirren Reden sich überstürzend die anderen, glänzenden Auges drängen sie sich um die Flamme, halten die Hände darüber; Genuß ist ihnen der aufzuckende Schmerz — es brennt ja, brennt, Dank dem Allmächtigen! Sie wissen nicht, daß in ihren Herzen die urewigste und erste aller Religionen wieder aufgeflackert ist, die Verehrung des Feuers, der allein lebenbringenden Flamme. Sie wissen nur, daß etwas Köstliches in ihr Leben trat, etwas Großes und Beglückendes, wie es ihnen ihr früheres Leben nie beschert hat.

Tag und Nacht hüten sie ihr Feuer mit dem feierlichen Ernst von Zarathustras Dienern. Abwechselnd in treuer Kameradschaft wärmen sie sich des Nachts. Die gekochte und gebratene Nahrung erscheint ihnen köstlich. Ihre Kräfte kehren wieder und damit die Hoffnung. Zwar, eine Enttäuschung müssen sie hinnehmen. Sie hatten gehofft, eines der auf den Aucklands für Schiffbrüchige angelegten Lebensmitteldepots zu finden. Doch nachdem sie ihr Eiland Meter für Meter durchsucht, mußten sie einsehen, daß diese Hoffnung vergebens war. So bestätigte die Insel ihren Namen, den sie erst Monate später erfahren sollten — Disappointment Island, die Insel der Enttäuschung. Noch ein anderer wertvoller Fund erleichterte dann etwas ihr Los. Beim Eiersuchen in den Nestern der Felswand, an deren Fuß die Trümmer der „Dundonald" längst verschwunden waren, entdeckten sie in einer Felsgrotte große Fetzen ihrer alten Segel. Der Sturm hatte sie hierher geweht. Und tiefer fanden sie ein großes Stück der Bramstenge. Segeltuch und Holz wurden geborgen. Die Segellappen waren willkommene Schlafdecken. Und aus dem Holz schnitzten sie sich Pfeile und Bogen, die sie mit Vogeldärmen als Sehnen bespannten. Es war ein kostbarer und notwendiger Besitz, diese lächerlichen Waffen. Denn schon begannen die Vögel auf der Insel scheu und unnahbar zu werden. Doch soviel sie auch tagein tagaus den Horizont abspähten, nie kam ein Schiff in Sicht. In weitem Bogen führen die Reisewege der Segler um die gefährliche unbewohnte Inselgruppe herum, und Dampfer laufen jene Gegend gar nicht an. Dazu rückte ein grimmer Feind immer näher: der erbarmungslose Winter des Südatlantik! Nach beinahe fünf Monaten auf ihrem Eiland erkannten die Armen nur zu deutlich, daß sie die kalte Jahreszeit auf diesem fast nackten Felsen nie würden überdauern können. Die nächste Insel der Gruppe war an klaren Tagen deutlich auszumachen. Doch einmal hatten sie kein Boot, und dann lagen sechs Seemeilen, elf Kilometer Wasser dazwischen, eine Straße, durch welche Ebbe und Flut reißende Strömungen mit tückischen Wirbeln preßten. Verzweiflung läßt das Unmögliche vollbringen. Aus Holz bauten sie ein bootähnliches Gerüst, überspannten es mit alten Tuchfetzen und dichteten es durch Tränken mit Robbentran so gut es ging. An einem ruhigen Märztage wagten drei Mann die Überfahrt in dem zerbrechlichen Ding. Niedergeschlagen kehrten sie zurück, sie hatten trotz allen Suchens das erhoffte Lebensmitteldepot auch auf der anderen Insel nicht gefunden. Die Tage begannen merklich kürzer zu werden, die ersten Herbststürme brausten über sie hin. Und noch etwas mußten die Schiffbrüchigen bemerken: Vögel und Robben begannen seltener zu werden. Nach weiteren drei Wochen sahen sie sich vor die zwingende Notwendigkeit gestellt, auf eine andere Insel überzusiedeln.

Mitte Mai stießen zum zweiten Mal drei Mann in dem kleinen Boot ab. Diesmal führten sie, gehegt in einem Haufen Torf und Moos, ein glimmendes Feuerchen mit. Die Not hatte diese Menschen auf die Kulturstufe der Eiszeit zurückgeworfen. Die Überfahrt endete mit einem furchtbaren Unglück, das sich am Ende aber trotzdem als segenbringender Zufall erwies. Das Boot wurde von der Strömung zu hart gegen die Klippen des Strandes gestoßen und zerschellte. Durch eindringendes Wasser war das Feuer fast verlöscht, und die Männer erkannten, daß sie es auf alle Fälle wieder zum Brennen bringen müßten, wollten sie hier, abgeschnitten von ihren Gefährten, nicht verloren sein. Hastig suchten sie nach trockenem Moos. Die Angst verlieh ihnen Riesenkräfte. Sie wälzten eine Gruppe Steine fort, unter denen sie trockenen Brennstoff zu finden hofften. Ihre tastenden Hände fanden den Blechdeckel eines großen Kastens. Die Tränen rollten den halb Verzweifelten über die Wangen, als sie unter Moos und Streu Kiste auf Kiste bloßlegten. Das heiß ersehnte Lebensmitteldepot war gefunden. Ein Kärtchen mit Beschreibung führte sie zum Aufbewahrungsort eines großen, kräftigen Bootes. Eine Woche dauerte es, bis sie alle übergesetzt waren. Proviant und warme Kleider gaben dem fast erloschenen Lebensmut der Erschöpften neue Kraft. Und gerade einen Monat später entdeckte die „Hinemoa" ihr Rauchsignal und erlöste die letzten der „Dundonald" aus fast achtmonatiger Verbannung.

Etwa vierzig Jahre früher war auf derselben Insel am 10. Mai 1864 das Vollschiff „Invercauld" gestrandet. Sechs Mann ertranken, neunzehn gelangten an Land. Von diesen waren nur noch drei am Leben, als volle zwölf Monate später ein passierendes Schiff ihr Notsignal bemerkte und sie erlöste. Das Tragische an diesem Fall war, daß zur gleichen Zeit sich auf derselben Insel die Schiffbrüchigen des amerikanischen Walfängers „Grafton" befanden, der zwei Monate vor der „Invercauld" gescheitert war. Beide Besatzungen wußten nichts von der Existenz anderer Menschen auf der Insel. Und als die letzten drei von der „Invercauld" abgeholt wurden, befanden sich von den vierzehn Geretteten der

„Grafton" noch neun am Leben. Sie ahnten nicht, wie nahe ihnen die Rettung war! Noch sechs Monate vergingen, ehe wieder ein Schiff nahe genug kam, um den einsam flatternden Fetzen auf der Insel zu erkennen. Es kam näher, setzte ein Boot aus und fand am Strande zwei Wesen, die kaum noch an Menschen gemahnten, so hatte der furchtbare Winter sie mitgenommen.

Um 1866 strandete hier die berühmte „General Grant" auf der Reise nach Melbourne. Von den dreiundachtzig Menschen, die mit ihr in See gegangen waren, konnten sieben Monate nach dem Unglück nur noch zehn geborgen werden. Die anderen waren bei der Strandung ertrunken oder während der Gefangenschaft auf dem kahlen Eilande den entsetzlichen Strapazen erlegen. Diese und ähnliche Unfälle haben zur Einrichtung von drei Lebensmitteldepots auf der Auckland-Gruppe geführt. Sie haben im Laufe von Jahrzehnten gar manchem Seemann das Leben gerettet.

Doch trotz aller Vorsicht und vielen forschenden Expeditionen gehen immer wieder Schiffe spurlos dahin, von deren Schicksal keine Kunde mehr die lebende Welt erreicht, von deren Besatzung auch nicht einer durch seinen Bericht das Dunkel zu lichten vermag. Der weite Ozean läßt uns Menschlein nur selten hinter die Schleier sehen, die er über so viele Tragödien seines Reiches gebreitet hat.

# 2 Meisterstücke deutscher Seemannskunst.

Der engl. 12300-Tonner „Sultan Star" wird von „Seefalke" und „Max Berendt" nach Liverpool geschleppt. Trotz schweren Wetters verlief die 2735 Seemeilen lange Reise durch den Nordatlantik ohne Havarie.

D. „Claus Rickmers" wurde im Sept. 1928 vom italien. D. „Clara Camus" gerammt und mußte auf Grund gesetzt werden. Die Hamburger Bergungsgesellschaft brachte in nur drei Tagen das schwer beschädigte Schiff nach Hamburg. Das Leck war durch eine 8×6 m große Balkenwand notdürftig gedichtet. Es wurden dadurch über 3 Millionen Mark gerettet.

Jetzt beißt er —!
Das Bild beweist, daß der Hai sich nicht auf den Rücken drehen braucht, um seine Beute zu fassen.

Der Hai ist an Deck geholt und eine Schlinge wird klargemacht, um die gefährliche Schwanzflosse zu fesseln.

Die Schwanzflosse wird gekappt!

Forschungsreise in den Haifischmagen.

Als Damesteine enden die Rückenwirbel des gefürchteten Räubers der Hochsee. (Rechts der Verfasser während seiner „Matrosenjahre".)

Besser ihm auf dem Trockenen als im Wasser zu begegnen —! Eine Handspake hinderte den Hai am Beißen, ehe der tödliche Stoß geführt wird.

Der größte Segler der Welt, das Hamburger Fünfmast-Vollschiff „Preußen" der Reederei Ferd. Laeisz und

das kleinste Fahrzeug, das je den Atlantik überquerte: der deutsche Schiffsoffizier Herr Romer mit seinem Boot nach der Ankunft in St. Thomas (West-Indien).

## Abschnitt III.

# Vagabunden der Meere.

### Treibende Wracks und ihre Schicksale.

In schweren Stößen fegt der scharfe West durch die Dezembernacht. Matt schimmern breite Schaumkronen, die dem kleinen Dampfer über Back und Deck peitschen. Sie muß all ihre Kraft aufbieten, die alte „Victoria". Stampfend und ächzend in allen Fugen ächzend, müht sie sich durchs Skagerrak London entgegen. Der Weg bis dahin wird ihr noch zu schaffen machen. Schon hier, noch im Schutze der jütischen Küste, jumpt der Kahn wie ein Hanomag im Kartoffelacker. Wie wird da die Nordsee erst mit ihm umspringen! 450 Tonnen, ein „Pudel" nur, wie die Seeleute solch ein Dampferchen nennen. „Werden wohl doch noch unter Land laufen und ankern müssen", denkt der Kapitän und will gerade nach unten gehen um nachzusehen, was das Barometer macht. Da scheint das Schiff vor Entsetzen sich zu bäumen, ein heftiger Ruck schleudert den Mann fast treppab. Schmetterndes Krachen, ohrenzerreißendes Klingen und Knirschen von Stahl auf Stahl verrät dem erfahrenen Schiffsführer, was geschehen ist. Der Dampfer ist auf ein dicht unter der Wasseroberfläche treibendes Wrack gestoßen! Durch klaffende Bodenplatten dringt gierig die See, schon neigt sich das Vorschiff. Schäumend brandet der nächste Brecher über das todwunde Schiff. Die Freiwache stürzt aus dem Logis achteraus. Gerade haben die Leute das Bootsdeck erreicht, da fliegen mit Donnerkrachen die Vorluken hoch. Ein Vulkan scheint sich zu öffnen, Stichflammen zucken masthoch, beizend wehen Azetylen-Schwaden über das Deck. Das Karbid im Laderaum — — es ist naß geworden — vierhundert Zentner! Noch zwei schwere Explosionen folgen. Brausend stürzt das Wasser des Meeres durch geborstene Schiffswände. Nach Tagen melden die Zeitungen, ein schwedischer Dampfer habe elf Schiffbrüchige aufgefischt, deren Schiff kurz nach einer Kollision mit einem Wrack gesunken sei.

Sie sind die furchtbarsten Feinde des Seemannes und die heimtückischsten dazu. — Eis — gewiß, treibendes Eis fordert auch seine Opfer. Doch weiß man, wo und wann es einem begegnen kann und ist auf seiner Hut.

Gefährliche Klippen und Bänke sind meistens bekannt, wenigstens die in der Nähe oft befahrener Routen. Nebel kündigt sich an, ehe er den Schiffsführer blind macht. Aber die lauernden, unheimlichen Wegelagerer die kaum über Wasser ragend, bei bewegter See selbst bei Tage auf kürzeste Entfernung erst zu sehen sind, wenn es zum Ausweichen oft zu spät ist, sie können auf ihren ruhelosen Wanderungen überall auftauchen, wohin Wind und Strömung sie treiben. Meist sind es schwer beschädigte Schiffe, die auf ihrer Ladung schwimmen. Das Schiff selbst ist leck, voll Wasser und darum für sich allein nicht mehr schwimmfähig. Aber da es gerade Holz, Kork oder andere Güter mit geringem spezifischen Gewicht geladen hat, können jetzt diese bei vertauschten Rollen das Schiff tragen. In gekenterten Fahrzeugen ist es häufig die in festen Räumen eingeschlossene Luft, die dem Schiff einen Rest von Auftrieb verleiht. Es braucht gar nicht aus dem Wasser herauszuragen, wie ein Tauchboot dicht unter der Wasseroberfläche, so treibt es Tage und Wochen. Und das sind die furchtbarsten von ihnen! Wie unversöhnlich Hassende lauern sie geduldig, sie selbst dem Tode geweiht, bis sie einem gesunden Schiff voll pulsenden Lebens die Todeswunde reißen können. Der Zusammenprall schickt sie in die Tiefe, doch ihnen nach folgt das Schiff, das ihnen den Gnadenstoß gegeben.

Oftmals legen diese Vagabunden erstaunliche Strecken zurück. In einem schweren Oktobersturm des Jahres 1927 sprang etwa zehn Meilen südöstlich vom Kap Hatteras an der amerikanischen Küste der Schoner „Maurice Thurlow" leck. Unter äußerster Gefahr konnte die Besatzung gerettet werden, leider nicht vollzählig. Das von Brechern überspülte Schiff trieb erst zwei Tage in südöstlicher Richtung etwa 40 Seemeilen weit. Da wechselte die Windrichtung, sechs Tage später wurde das Wrack auf der Höhe von Baltimore getroffen. 250 Seemeilen südöstlich von hier tauchte es wieder nach dreizehn Tagen auf. Jetzt sollten volle neun Wochen vergehen, bis man wieder etwas von dem Schiff vernahm. Ein amerikanisches Marinefahrzeug hatte es weit draußen im Atlantik angetroffen, völlig eingetaucht und bereits von Muscheln und Algen dicht bewachsen. Eine Sprengkapsel setzte seinem Wandertrieb ein Ende. Fast 1200 Seemeilen, also ca. 2200 Kilometer hat die „Maurice Thurlow" so getrieben, den Weg von Berlin nach Tripolis.

Doch die längste nachweislich von einem Wrackstück durchtriebene Entfernung beträgt volle 15000 Kilometer. Der in den Glanztagen der Ge-

gelschiffahrt wegen seiner schnellen Reisen bekannte Klipper „Blue Jackett“ (Blau-Jacke) verbrannte am 9. März 1869 bei den Falkland-Inseln, nahe der Stelle, wo unser ruhmreiches Auslandsgeschwader ruht. Am 7. Dezember 1871 wurde seine Galionsfigur, das berühmte blaue Jackett, am Strande der Rottnest-Insel unweit Freemantle in West-Australien aufgefunden. 8100 Seemeilen weit war es getrieben, das ist die Strecke von Berlin bis nach unserer früheren Kolonie Deutsch-Neu-Guinea in der Südsee. Oder derselbe Weg wie von New York quer über den Atlantik und das Mittelmeer, durch Vorder- und Zentralasien bis nach dem fernen Peking hin!

Einzigartig in der Geschichte der Seefahrt ist die Trift der beiden Teile des englischen aus Holz gebauten Schoners „Fred B. Tailor“. Dieser 1800 Tonnen große Segler wurde in einer diesigen Juninacht des Jahres 1891 auf der Reise nach New York durch den von dort heimkehrenden Passagierdampfer „Trave“ überrannt und glatt in zwei Teile geschnitten. Wie sich später erwies, befanden sich die Positionslampen des Seglers in einem äußerst vernachlässigten Zustande und waren in der milchigen, vom Mondlicht durchstrahlten Luft jener Nacht kaum wahrnehmbar gewesen. Der wachhabende Offizier des Schnelldampfers hatte die warnenden Lichter, die vorschriftsmäßig auf zwei Seemeilen hin sichtbar sein sollen, erst im letzten Augenblick sehen können. Der scharfe Bug des unter vollem Zeug daherbrausenden großen Seglers mußte in wenigen Augenblicken die Bordwand der „Trave“ aufreißen, diese Wand, die Hunderte von sorglosen Schläfern schützte. Die Schiffe von damals hatten noch nicht die Sicherheitseinrichtungen unserer heutigen Passagierdampfer. In diesem Augenblick konnte nur das Äußerste eine gräßliche Katastrophe verhindern. Mit höchster Geistesgegenwart ließ der deutsche Seemann das Ruder des gefährdeten Passagierdampfers herumreißen, in rascher Wendung schwenkte der Steven des Dampfers auf den Segler zu und durchschnitt das Schiff in furchtbarem Anprall. Nur Augenblicke später klatschten die deutschen Boote ins Wasser und bargen die Besatzung des gerammten Seglers. Das Schiff war geopfert, aber unausdenkbare Verluste an unersetzlichem Leben waren vermieden worden. Die entschlossene Tat hat damals in aller Welt Aufsehen erregt und bei Fachleuten aller Nationen höchste Anerkennung gefunden.

Vor- und Achterschiff des überrannten Seglers trieben weiter, doch trennten sie sich nach wenigen Stunden. Denn das Heck ragte hoch aus dem Wasser heraus und folgte deshalb dem herrschenden Wind. Das tief eingetauchte Vorschiff war hingegen gänzlich der Wirkung des Stromes ausgesetzt. In jenen belebten Meeresteilen wurden beide Hälften oft gesichtet, so daß ihre Triften genau bekannt wurden. Während das Vorschiff südwestlich setzte, steuerte das Achterschiff nach Norden und ist schließlich nördlich von Boston gestrandet. Bug und Heck desselben Schiffes beschlossen so ihre Laufbahn an zwei Orten, die in der Luftlinie soweit auseinander liegen wie Breslau und Hamburg!

Merkwürdig ist das Schicksal des amerikanischen Schoners „L. White". Ein heulender Blizzard hatte ihm in einer Märznacht 1888 den Vormast und sämtliche Segel fortgefegt. Da der stürzende Mast das Schiff leck geschlagen hatte, begann das Schiff zu sinken. Schäumend wusch Brecher auf Brecher über die Reeling. Mit Mühe wurde die Besatzung von in der Nähe befindlichen Schiffen geborgen. Elf Wochen später sichtete Kapitän Bodeker vom Dampfer „Braunschweig" das Schiff als Wrack. Die beiden anderen Masten waren ebenfalls gefallen, das Deck lag völlig unter Wasser, doch trieb das Wrack auf seiner Holzladung mit dem Golfstrome unaufhaltsam nach Osten. Da es sich auf der häufig befahrenen Dampferstraße nach New York befand, wurde es von zahlreichen Schiffen getroffen. Plötzlich hörten die Meldungen auf, man glaubte das Wrack versunken. Da kam Ende Januar 1889 die Nachricht, daß die „W. L. White" auf Haskeir Island, einer der Hebriden an der Westküste Schottlands, angetrieben sei. Seine Holzladung konnte sogar in fast unbeschädigtem Zustande geborgen werden. In beispielloser Pflichttreue hatte sie das Wrack nach England, dem Bestimmungsland der Ladung, getragen. 316 Tage hatte die Reise gedauert, die über eine Strecke von 10000 Kilometer geführt hatte. Allerdings waren fast 4000 davon auf Umwege und Schleifen des steuerlosen Fahrzeuges entfallen.

Im Januar 1895 verließ der amerikanische Schoner „Alma Cummings" mit einer Ladung Mahagoniholz den Hafen von Port Royal, um nach Boston zu segeln. Am 6. Februar geriet das Schiff auf der Höhe von Baltimore in jenen furchtbaren Orkan, der noch jetzt in der Erinnerung vieler alter Seeleute lebendig ist. Boote und Treppen wurden von der rasenden See fortgeschlagen. Bald folgte die Takelage und durch das wahnsinnige Rollen des Schiffes fingen die Nähte des Rumpfes an zu reißen. Auch durch die Luken drang das Wasser, und das Schiff lief voll. Die Mannschaft verbrachte eine Schreckensnacht. Am Morgen war das Deck von einer zwei Fuß dicken Eisschicht überzogen. Mit unverminderter Wut peitschte der Orkan Brecher auf Brecher über das Wrack. Von den zehn Mann erfroren drei am 8. Februar. Im Laufe der Nacht und des folgenden Tages mußten die anderen zusehen, wie nacheinander drei andere ihrer ermatteten Kameraden über Bord gerissen wurden. Totmüde wie sie waren, vermochten sie ihnen keine helfende Hand zu reichen. Am fünften Tage endlich wurden die vier Letzten erlöst. Es hatte abgeflaut und die Halberstarrten holte ein Boot des englischen Dampfers „Queensmore" von ihrem einer treibenden Eisscholle gleichenden Schiff. Monate danach, im März 1896 kam die Meldung eines Dampfers, dessen Besatzung das Wrack bei den Kapverdischen Inseln angetroffen und vergeblich den Versuch gemacht hatte, es zu verbrennen. Lange wurde nichts davon gehört. Dann tauchte es Mitte August bei der kleinen Insel San Blas an der Küste von Panama auf. Doch hatten anscheinend die Indianer bereits alles brauchbare Holz abgeholt. Ende September wurde es bei Colon gesichtet, eingeschleppt und als Feuerholz abgewrackt. So endete diese fünfhundertneunundachtzigtägige Reise über mehr als 5000 Seemeilen.

Wiederholt sind Schiffe nach langer Trift wieder geborgen worden. Anfang Februar 1899 mußte die Besatzung einer englischen Bark ihr Schiff bei den Azoren verlassen. Das Schiff trug den poetischen Beinamen Buddhas, „Siddartha", das ist „der das Ziel erreicht hat". Am 7. Juli machte das englische Kriegsschiff „Melampus" auf dem entmasteten Wrack seine Schlepptrosse fest und brachte es in die Bantry-Bay an der englischen Südküste. Im März 1898 traf der Dampfer „Samaria" auf das Vollschiff „Schiffswerft". Die Mannschaft hatte es bereits Tage vorher verlassen. Es stand nur noch der untere Teil des Besansmastes, und an Deck sah es wüst aus. Eine Woche schwerster Stürme hatte es zum Wrack gemacht. Da es inzwischen etwas ruhiger geworden war, faßte der Kapitän der „Samaria" den Entschluß, sich den guten Bissen nicht entgehen zu lassen. Trotz der noch hoch gehenden See gelang es dem Ersten Offizier und sechs Mann, das Wrack zu betreten. Doch kaum hatten sie die nötigsten Vorbereitungen zum Schleppen treffen können, als mit Heulen und Hagelschlag eine schwere Bö über das Schiff herfiel. Der Zustand des Wracks ließ das Schlimmste befürchten, und so sah die Rettungsmannschaft sich gezwungen, selbst Notsignale zu geben. Doch nun konnte die „Samaria" sie beim besten Willen nicht abholen. Es wäre Selbstmord gewesen, bei solchem Wetter dem schwer rollenden Wrack zu nahe zu kommen. Eine lange Nacht mußten die Sieben auf dem überspülten Deck angebunden an die Reeling und mehr unter als über Wasser verbringen. Doch der folgende Tag brachte die endgültige Besserung des Wetters. Das Bergungswerk gelang. Sie bugsierten das Wrack glücklich nach Queenstown, was der Reederei der „Samaria" die runde Summe von 1154, dem Kapitän 200 und der Mannschaft 400 Pfund Sterling einbrachte. Die Rettungsmannschaft auf dem Wrack erhielt außerdem eine Extragratifikation zuerkannt. In denselben Hafen wurde die norwegische Bark „Brigitta" eingebracht. Ihre Besatzung war Anfang Februar in schwerem Wetter bei der Neufundland-Bank auf den englischen Dampfer „Snowflake" übergegangen. Herrenlos trieb das Wrack quer über den Atlantik, dreiundvierzig Schiffe haben seinen Weg beobachten können. Ende Mai tauchte es vor dem Englischen Kanal auf und wurde von Schleppern geborgen. Ohne große Mühe fiel ein reicher Gewinn auch dem Dampfer „Exeter City" in den Schoß. Etwa 420 Seemeilen östlich von Sandy Hook, der Einfahrt nach New York, traf sie bei gutem Wetter auf das Wrack des großen Viermasters „Agnes Mannings". Wohl halb voll Wasser geschlagen hielt sich das Schiff mit seiner Ladung Kohlen noch gut flott. Eine Woche vorher war die Besatzung vom Dampfer „Nestoria" unter eigner schwerer Gefahr aufgenommen worden. Jetzt bei ruhigem Wetter störten die zehn Fuß Wasser im Raum wenig. Die „Exeter City" schleppte das Wrack nach New York und erhielt die Hälfte des Wertes von Schiff und Ladung als Bergelohn zugesprochen.

Seltenes Glück lachte der kleinen Besatzung des Schoners „John Blake". An der Küste von Cuba mußte dies Häuflein Seeleute ihr sinkendes Schiff im Boot verlassen. Nach einer ernsten Sturmnacht grüßte sie die herrlich begrünte Küste aus dem Morgennebel, und gerade vor ihnen auf dem Strand saß der Schoner „Two Friends" — herrenlos. Wohl war er vom Sturm arg zerzaust, doch gelang es den Schiffbrüchigen, bei Hochwasser das Schiff wieder flott zu machen. Proviant und Wasser waren noch reichlich an Bord. Darum zögerten sie nicht lange und segelten ihre Prise nach England. Dort schätzte das Gericht Schiff und Ladung auf 1250 Pfund Sterling und erkannte der Besatzung 350 Pfund als Belohnung für die Bergung zu. Und die Besatzung des Schoners „Integrity" fischte mit Bootshaken aus der Kajüte eines Wracks, das sie total überspült an der Küste von Jamaica treibend trafen, einen Koffer mit Goldgeld und Schmuck im Werte von über 300 Pfund.

Manchmal jedoch haben Seeleute auf Wracks, die sie bestiegen, gar traurige Dinge erblicken müssen. Denn nur zu oft ereignete es sich, daß die Besatzung schwer havarierter Fahrzeuge auf ihrem Wrack eingekerkert viele Wochen hat umhertreiben müssen, da die See ihre Boote zertrümmert hatte. Manche wurden von passierenden Schiffen gesehen und geborgen. Doch andere trieben mit der Strömung in einsame, unbefahrene Gegenden, und was sich auf jenen gottverlassenen Planken für Szenen abgespielt haben, das vermag sich nur der vorzustellen, der selbst Hungerqualen und den noch schlimmeren Durst hat kennen lernen müssen. An einem Augusttage gegen Ende des vergangenen Jahrhunderts sichtete der Wachhabende des englischen Schoners „Lancaster" auf der Reise nach Sidney tief im südlichen Indischen Ozean ein Wrack. Das Wetter war ruhig, fast windstill, daher doch nicht viel zu versäumen, und der Kapitän ließ ein Boot zu Wasser bringen, um das arg zugerichtete Schiff genauer zu untersuchen. Auch beim Näherkommen wurde kein Zeichen von Leben wahrgenommen. Still trieb es in der langen Dünung. Das Anbordsteigen machte geringe Mühe, denn die Takelage war gestürzt und schleifte noch neben dem Schiff im Wasser. Am Zustande des dichten Algen- und Muschelansatzes konnte man erkennen, daß die Katastrophe schon viele Wochen, vielleicht Monate zurückliegen mußte. Das Deck war ein Chaos von Raaen, Segeln, Tauwerk und gesplittertem Holzwerk. Alles wies bereits Zeichen von Verwitterung auf. Mühselig kletterten die Männer über die Trümmer. Da stießen sie auf den ersten schrecklichen Fund. Eingekeilt unter gefallenen Rundhölzern trafen sie auf ein Skelett. Auf den ersten Blick erkannten sie es als das eines Menschen. Der Brustkorb war von der fallenden Takelage völlig zerquetscht worden. Noch hingen klägliche Fetzen seemännischer Kleidungsstücke um diese schrecklichen Reste menschlichen Lebens. In einer windgeschützten Ecke des Decks kauerten und lagen fünf schaurige Gestalten. Nur noch wenige Lappen bedeckten die Gebeine, an denen grausige Reste von Muskeln und Sehnen verrieten, daß diese Arme noch nicht so lange tot waren, als ihr vom Mast erschlagener Kamerad. Trotzdem das Logis unter der Back halb unter Wasser stand, drangen die Männer beherzt ein. Zwei Tote fanden sie dort hingestreckt auf dem Boden, ein Dritter lag verkrampft in einer Koje. Die Stellung sämtlicher Leichen ließ auf einen Zustand äußerster Kraftlosigkeit und Erschöpfung schließen. So viel sie auch das Schiff absuchten, sie fanden keinen einzigen Bissen irgend einer genießbaren Substanz. Schaudernd erkannten sie, daß sogar das weichere Leder aller Schuhe sowie alle Lederverstärkungen an den Segeln verschwunden waren. Die Frischwassertanks waren staubtrocken. Der Kapitän ließ die Toten an Deck niederlegen und mit einem Segel bedecken, dann betrat er die Kajüte. Eine entsetzliche Luft schlug ihm von unten entgegen. Mit Mühe bezwang er sich und stieg hinab. Über den großen Kajütstisch gebeugt fand er einen Toten. Die Kleidung war noch gut erhalten und verriet, daß es sich um einen Offizier handelte. Vor ihm auf dem Tisch lag eine aufgeschlagene Bibel und ein Revolver mit zwei geladenen Kammern. Die starren Hände umklammerten noch eine Flasche. In deren Hals stak zusammengerollt ein Zettel mit den Worten: "Jesus! guide this to some helper. Merciful God! don't let us perish".[1]) Man sah's den mühsamen, zittrigen Buchstaben an, daß sie mit letzter Kraft geschrieben worden waren. Über der Abfassung dieser letzten Nachricht, die offenbar als Flaschenpost hinausgeschickt werden sollte, hatte der Tod den Ärmsten von seinen Qualen erlöst. In der Kapitänskammer lag der tote Führer hingestreckt. Über Tisch und Bett waren Papiere und Bücher verstreut. Ein mit großen, klaren Schriftzügen bedeckter Bogen fiel besonders ins Auge, ein Brief. „Martinique, den 30. Mai 18.. Liebste Käte! ....." Es war ein Brief eines jungen Ehemannes an seine junge, daheim seiner Wiederkehr harrende Frau. Voller Sehnsucht und voller Vorfreude auf den großen Augenblick, da er wieder in den Heimatshafen einlaufen würde, hatte der Seemann diese Zeilen geschrieben. Stolz klang daraus, es war sein erstes Schiff, das er als Kapitän führte. Er hoffte, seinen Vater nun wieder milder gestimmt anzutreffen. Der war dem Sohne durch viele Jahre hindurch gram gewesen, hatte ihn nicht vor sein Antlitz treten lassen, nur weil er entgegen seinen Plänen eigenwillig Seemann geworden war. Neben der Wiedersehensfreude des Gatten jubelte die innige Freude des Sohnes, der nun hoffte, einen versöhnten Vater in die Arme schließen zu dürfen. Unterzeichnet war der Brief mit Robert C. Hart. Erschüttert stieg der einsam Forschende wieder an Deck, atmete tief auf, als er die reine Himmelsluft sich wieder umwehen fühlte. Am Nachmittag wurden die elf Toten der See übergeben, wie es sich für Seeleute gehört, die tapfer auf ihrem Posten gestanden bis zum Ende ihrer Kraft. So hatten die Leute von der „Glenalvon" endlich ihre letzte Freiwache angetreten.

[1]) „Jesus! Führe dies einem Helfer zu. Gnädiger Gott! laß' uns nicht verderben."

Eine der ergreifendsten Tragödien sah der weite Atlantik im Herbst des Jahres 1891. Eine langanhaltende Periode milden Wetters hatte ein kurzer Sturm unterbrochen, der mit beispielloser Wut in wenigen Tagen quer über den Ozean raste. Tausend Meilen nordöstlich der Bermuda-Inseln überfiel er die norwegische Bark „Thekla", die sich mit einer Ladung Holz vom Golf von Mexiko auf der Heimreise befand. Eine Bö zerriß dem Schiffe fast sämtliche Segel. Haltlos hin und her rollend verlor es in wenigen Minuten alle drei Masten, die obendrein auch noch den Rumpf schwer leck stießen. Schon einige Stunden später hatte das Schiff sich mit Wasser gefüllt. Nur seine Ladung hielt es schwimmend. Der anbrechende Tag enthüllte siebzehn Unglücklichen der Besatzung den ganzen Ernst der Lage: die fallende Takelage hatte außer den Booten auch die an Vordeck stehenden Wasserfässer zerschmettert. Der im Innern befindliche Frischwassertank war ebenfalls von Salzwasser überflutet. Und in den Proviantraum vermochten sie des Wassers wegen nicht zu gelangen. Die Ärmsten sollten Unmenschliches erdulden. Langsam trieb das Wrack mit dem Golfstrom ostwärts auf die Azoren zu. Nach dreizehn Tagen unsäglicher Qualen befanden sich nur noch vier am Leben. Die Verzweiflung trieb sie zum äußersten: sie warfen Lose. Einen holländischen Matrosen wählte das erbarmungslose Geschick zum Opfer. Die drei anderen tranken sein Blut und aßen sein Fleisch. Drei Tage später auf 39° Nord und 33° West sichtete das deutsche Vollschiff „Herrmann" das Wrack und nahm die völlig teilnahmslos an Deck hockenden Drei auf. Neben ihnen fanden die entsetzten Seeleute des deutschen Schiffes deutliche Spuren der letzten grauenvollen Vorgänge. Es dauerte Wochen, bis die Geretteten wieder Zeichen erwachenden Lebensmutes zeigten. Dann kam noch ein furchtbar ernster und schwerer Tag: sie wurden in Hamburg vor Gericht gestellt und mußten sich wegen Mordes an ihrem Kameraden verantworten. Allen versagte die Stimme vor Schmerz, kein Wort der Verteidigung brachten sie über die blassen Lippen. Ärztliche Sachverständige kamen ihnen zu Hilfe. Sie erklärten, daß ein Gehirn in dem Zustande fast völliger Blutleere kurz vor dem Hungertode und der Wirkung so gräßlicher Hunger- und Durstesqualen unmöglich verantwortlich für seine Entschlüsse gemacht werden könne. Zur Genugtuung aller mit der Geschichte dieses einzigartigen Prozesses Vertrauten sprachen die Geschworenen die gequälten Seeleute vom Vorwurf jeder verbrecherischen Handlung frei. Mit vollem Recht. Denn wer so unvorstellbar Grauenhaftes hat durchleben müssen, der ist von einem Höheren gezeichnet und gerichtet.

Wieviel Leiden, welch leidenschaftliches Hoffen, welch niederschmetternde Enttäuschungen und schwärzeste Verzweiflung haben solche Wracks wohl gesehen. Wieviel Verzagtheit, aber auch wieviel Heldenmut haben die Herzen der Unglücklichen erfüllt, die auf treibenden Planken gefangen einem qualvollen Ende verfielen. Mit dem Aussterben der Seglerflotten sind diese Fälle seltener geworden. Doch noch in den Jahren 1897 bis 1901 liefen bei dem Hydrographic Office in Washington, der nordamerikanischen Seewarte, Meldungen über 957 treibende Wracks ein, und zwar sämtlich aus dem Raum zwischen 50° Westlänge und der amerikanischen Küste. Durchschnittlich befanden sich immer etwa zwanzig bis fünfundzwanzig Wracks zu gleicher Zeit auf der Wanderung im Atlantik. Und sogar heutzutage zeigen die Monatskarten der Deutschen Seewarte und des amerikanischen Instituts nach schweren Herbststürmen fünf, sechs und mitunter noch mehr entmasteter Segler, die von der Besatzung verlassen auf ihrer Ladung schwimmen. Derselbe Golfstrom, der unserem alten Europa die nötige Wärme und den befruchtenden Regen bringt, führt diese treibenden Hindernisse in den regelmäßigen Schiffahrtsweg. Und wenn sie auch unseren großen Dampfern keine tödlichen Wunden zu schlagen vermögen, lästige Beschädigungen der Unterwasserplatten können doch immer aus einem Zusammentreffen mit diesen Wegelagerern entstehen. Und mittelgroße Schiffe sind schon zum Sinken gebracht worden wie an einem Novembertage 1927 der amerikanische Dampfer „Rose Murphy" und der über 5000 Tonnen große belgische Dampfer „Scheldepas" im März 1929. Im schweren Orkan auf 40° Nord und 60° West sahen die Offiziere des kleinen Dampfers „Prudentia" mit Schrecken, wie ihr steuerloses Schiff auf ein großes, kieloben treibendes Wrack zugejagt wurde. Nur um einen Meter handelte es sich, und der Zusammenstoß in der wilden Sturmsee hätte sie alle in den Abgrund gerissen. Allein der Himmel weiß, wieviele der verschollenen Schiffe ein solches Geschick ereilt hat.

Die Kriegsschiffe aller Nationen lassen sich die Beseitigung dieser Gefahren angelegen sein. Doch die dem Sterben geweihten Burschen haben ihnen die Arbeit manches Mal sauer gemacht. Um die Jahrhundertwende bekam der kleine amerikanische Kreuzer „Atalanta" Order, das Wrack des großen Viermastschoners „Golden Rod" zu zerstören, das die

Schiffahrt an der amerikanischen Küste gefährdete. Von den 37 Granaten, die abgefeuert wurden, schlugen die meisten glatt durch, ohne ernsten Schaden anzurichten. Vom passiven Widerstand dieses Vagabunden gereizt, machte der Kriegsmann sich bereit, von einer altertümlichen Waffe, welche die Kriegsschiffe damaliger Zeit noch zierten, Gebrauch zu machen. Er wendete und rannte dem Wrack mit hoher Fahrt seinen Rammsporn in den Leib. Gleich der erste Stoß trennte das Vorderteil vom Rumpf. Der aber schwamm unverdrossen weiter; gepfropft voll mit einer Ladung leerer Fässer spottete er aller Angriffe, bis beim sechsten Rammstoß sich sein Gefüge gänzlich aufgelöst hatte und die ihn tragende Ladung in alle Richtungen auseinander trieb. Doch diese schwimmende Windmühle hatte den tapferen Don Quichote so zugerichtet, daß er schnurstracks nach Hause ins Dock zur Reparatur dampfen mußte! Und einige Jahre vor dem Kriege mußte der Kreuzer „Pensacola" nach längerer erfolgloser Beschießung nicht weniger als drei Torpedos opfern, um ein mit Holz beladenes Wrack so weit zu zertrümmern, daß es der Schiffahrt nicht mehr gefährlich werden konnte. Nun wird man sich auch nicht mehr wundern, daß Handelsschiffe sich lediglich auf die Meldung gesichteter Wracks beschränken und gar nicht den Versuch zu ihrer Zerstörung machen. Es wäre doch vergebliche Liebesmüh. Selbst ein halbes Dutzend Sprengkapseln würden an einem von wassergequollenem Holz gefüllten Schiffsrumpf nutzlos verpuffen. Die friedlichen Kauffahrer müssen es ihren grimmigen Brüdern von der Kriegsmarine überlassen, mit Donner und Blitz den letzten Akt der Dramen abzuschließen, die so häufig mit treibenden Wracks verknüpft sind.

## Flaschenposten und was sie erzählen.

Sie waren die drahtlosen Hilferufe der Seeleute vergangener Zeiten, die in äußerster Not auf diesem kümmerlichen Wege noch eine letzte Nachricht an die Außenwelt gelangen lassen wollten. Schon als Kolumbus 1493 auf seiner ersten Heimreise in der Nähe der Azoren in einen schweren Februarsturm geriet, da wollte er auf diesem Wege der Mitwelt die Kunde von seiner Entdeckung erhalten. Er legte einen kurzen Bericht über seine Reise auf einem Pergamentblatt nieder. Dieses wurde in Wachstuch eingeschlagen und, in einen Wachsklumpen eingeschmolzen in einem kleinen Fäßchen den Wellen übergeben. Ein gleiches Paket mit seinen persönlichen Aufzeichnungen und Tagebüchern ließ er ebenfalls in einem Fäßchen verschließen und auf der Poop seines Schiffes klarstellen. Im Augenblick des Unterganges sollte es dann aufschwimmen und seine Papiere retten. Beide Dokumente forderten den Finder auf, die Papiere der spanischen Krone zu übergeben, wofür eine Belohnung von 1000 Dukaten zugesichert wurde. Zum Glück jedoch gelangte trotz schwerer Havarien der kühne Entdecker sicher heim. Von dem über Bord gesetzten Fäßchen hat man nie etwas gehört. Mit größter Wahrscheinlichkeit ist es nicht, wie Kolumbus erhoffte, an die Küsten Europas, sondern gerade entgegengesetzt von den mächtigen Strömungen jener Gegend ins unendliche Meer hinaus vertrieben worden.

Die Seeleute späterer Jahrhunderte verwandten als Träger ihrer Nachrichten Flaschen, die oft erstaunliche Reisen gemacht haben. Als auf einem mit 637 Menschen bepackten Ostindiensegler der Vierziger, dem Vollschiff „Kent", durch Unvorsichtigkeit ein Spritfaß explodierte und das Schiff in Brand setzte, da sandte ein englischer Major angesichts des Todes eine Flaschenpost aus. Fast zwei Jahre später erst wurde diese Nachricht am Strande der Insel Barbados aufgefunden und den Verwandten des Absenders in Edinburgh übersandt. Vom Schicksal des zu seiner Zeit berühmten Schauspielers Gustav Brooke hat man ebenfalls nur durch eine Flaschenpost Kenntnis erhalten. Mit der „London" war er zu einer Tournee durch Australien in See gegangen. Das Schiff ist verschollen. Achtzehn Monate danach wurde der Gattin des Schauspielers ein zerknitterter Briefumschlag zugesandt, der einer aufgefischten Flasche entstammte und in flüchtigen Zügen die Worte trug: „Januar. Im Südatlantik. Wir gehen unter. Keine Hoffnung auf Rettung. Sendet dies an..." und die Adresse der Frau. Erschüttert erkannte sie die Handschrift ihres Mannes. Im November 1888 fanden Fischer an der westirischen Küste eine Flasche, die folgende traurige Mitteilung enthielt: "Barque Cumeria. May 9, 1888. Should this be picked up please tell all my friends that the treatment I am receiving from the mate is awful, and all the crew says we never reach port again, the ship is making so much water. Westerley, apprentice."[1]) Wie Nachforschungen ergaben, war das

[1]) Bark „Cumeria", 9. Mai 1888. Sollte dieses aufgefischt werden, bitte sagen Sie all meinen Freunden, daß der Steuermann mich schrecklich schlecht behandelt. Auch sagt die ganze Mannschaft, wir würden niemals mehr einen Hafen erreichen, da das Schiff viel Wasser macht. Westerley, Steuermanns-Lehrling.

Schiff am 30. April desselben Jahres von England mit einer Ladung Kohlen nach Valparaiso in See gegangen. Schon neun Tage nach seiner ersten Ausreise hatte dieser enttäuschte und verängstigte Knabe seine Nachricht dem Meer übergeben. Leider sollte er nur zu sehr Recht behalten. Mitte Juni wurde die „Cumeria" noch einmal im Südatlantik von einem heimkehrenden Schiff gesprochen, von da ab ist sie verschollen geblieben.

Den erschütternden Notschrei schiffbrüchiger Seeleute brachte eine treibende Blechkanne zum Gestade Australiens. Die Nachricht stammte von den Letzten der Besatzung eines englischen Vollschiffes, das auf einer kleinen Insel der Mac Donald-Gruppe südlich von den Kerguelen gestrandet war. Schwere Stürme hatten das Schiff auf der Reise nach Melbourne so weit südlich verschlagen. Die Nachricht zeugte von höchster Not, schon hatten Hunger und das rauhe Klima die weniger Widerstandsfähigen hingerafft. Unverzüglich wurde ein Regierungsdampfer abgeschickt, um die Letzten zu retten. Man fand die Insel, fand den Lagerplatz der Unglücklichen, und fand unter einer Steinpyramide die Nachricht, daß sie den verzweifelten Versuch machen wollten, auf einem erbärmlichen, kleinen Floß die Kerguelen zu erreichen. Die Angst vor dem erbarmungslosen Winter auf der nackten Insel hatte sie zu diesem äußersten Wagnis getrieben. Nur vier Tage zu spät traf das Schiff ein, das ihnen Rettung gebracht hätte. Trotz allen Suchens konnte weder von dem Floß noch den Menschen eine Spur gefunden werden.

Die Beobachtung, daß in gleichen Gegenden ausgesetzte Flaschenposten überwiegend denselben Weg trieben, führte zu dem Gedanken, sich dieses Mittels zur Erforschung der Meeresströmungen zu bedienen. Systematisch wurde dies erstmalig von dem Hydrographic Office in Washington durchgeführt, deren Beispiel die Deutsche Seewarte in Hamburg bald folgte. In freiwilliger Mitarbeit wurden seit dieser Zeit von Kapitänen und Offizieren der Handelsschiffe viele Tausende von Flaschenposten ausgesetzt, die auf Formularen die wichtigsten Angaben enthalten. Wertvolle Anhaltspunkte sind dadurch gesammelt worden, und durch Vereinigung all des gesammelten Beobachtungsmaterials hat die moderne Wissenschaft die wichtigsten Aufschlüsse über Bahn und Geschwindigkeit der großen Wasserbewegungen der Weltmeere erhalten. Hervorragenden Anteil an diesem Forschungswerk nahm der Fürst von Monaco, der von seiner Yacht „L'Hirondelle" aus umfassende Versuche über die

Eignung verschieden geformter Gefäße anstellte. Ein Jahr lang verwandte er nur metallene Kugeln und Fäßchen, im folgenden lediglich Flaschen und noch ein Jahr darauf nur ovale gläserne Schwimmkörper. Der Vergleich sprach der Flasche die größte Eignung zu, und bei ihr ist man geblieben. Diese systematischen Flaschenpostabsendungen erwiesen jedoch auch, wie gering die Wahrscheinlichkeit ist, auf diese Weise eine Nachricht an Menschen gelangen zu lassen. Von 150 Flaschen, die während einer Australienreise in den südlichen Meeren ausgesetzt wurden, sind nur vier wieder aufgefunden worden. Und von den 50 Flaschen des Vollschiffes „Indus" hörte man von nur einer etwas.

Ähnlich den Wracks haben auch diese Vagabunden lange Reisen zurückgelegt und ganze Meere durchmessen. Eine Flasche, die vom deutschen Segler „J. H. Lübken" zwischen Ekuador und den Galapagos-Inseln abgeschickt wurde, hat man nach zwei Jahren und sieben Monaten an der südaustralischen Küste gefunden. Sie muß einen Weg von wenigstens 8500 Seemeilen vertrieben sein. Am Strande der Stephens-Insel südwestlich von Tasmanien ist im Dezember 1931 eine Flaschenpost gefunden worden, die man schon als Reliquie bezeichnen muß. Sie stammt von der Hamburger Bark „Seestern" und wurde am 7. Oktober 1898 bei Kap Horn 2400 Seemeilen vom Fundort entfernt ausgesetzt. Sie barg einen Zettel, dessen Schriftzüge erst nach vorsichtigster Behandlung im Chemischen Staatsinstitut zu Hamburg wieder leserlich wurden. Ob dieser Bote nun seit Jahren am Strande der einsamen Insel gelegen, ob er den Weg um den Erdball ein oder mehrere Male in diesen 33 Jahren durchschwommen hat, das wird ewig ungelöstes Geheimnis dieses einsamen Wanderers bleiben.

Abschnitt IV.

# Freiwillige und unfreiwillige Bootsreisen.

## Einsamkeitssucher und Rekordbrecher.

Die Liebe zur unendlichen Bläue des Ozeans, zur grenzenlosen Freiheit der schimmernden Weite hat schon manchen Seemann auf kleinem Fahrzeug hinausgelockt in die Einsamkeit der Weltmeere. Am 12. Dezember 1889 ging von London ein winziges Fahrzeug in See, das Rettungsboot „Sturmkönig". Die ganze Besatzung bestand aus Kapitän Jürgen Engelhardt und dem ersten Offizier Nielson. Mehr hätte das kleine Schiff neben Proviant und Wasser auch nicht zu tragen vermocht. Nach kurzem Aufenthalt in Madeira führten es die Passate zum Kap der guten Hoffnung. Am 16. April 1890 verließ das Boot Kapstadt, um am 4. August, dem 236. Tage von London, wohlbehalten in Adelaide einzulaufen. Einen erstaunlichen „Familienausflug" unternahm im Jahre 1894 der deutsche Kapitän F. Vehling mit Frau und sieben Kindern von San Francisco aus. Sein Fahrzeug war 14 Meter lang bei 3,60 Meter Breite. Sechs Wochen brauchte er zur Überfahrt nach Honolulu. Nach einigen Tagen der Erholung ging man wieder in See und nach abermals fünf Wochen war das Ziel erreicht, eine der Marianen-Inseln, auf der Herr Vehling sich angekauft hatte. Die 6700 Seemeilen lange Seereise war ohne Zwischenfall verlaufen. Drei Söhne und eine vierzehnjährige Tochter hatten die Wache bei Tage, während der Kapitän und Frau des Nachts das Schiff bedienten. Auch den drei Jüngsten ist die große Reise prächtig bekommen.

Fünf Jahre später verließ Kapitän Fritsch, auch er deutscher Herkunft, in einem 5 Tonnen großen Segelboot den Hafen von San Francisco, um nach Manila über den Pazifik zu segeln — ganz allein. Nach einer außerordentlich glücklichen Reise von 29 Tagen kam er nach Honolulu. Doch gab er hier sein Vorhaben auf und verkaufte sein Schiffchen für 200 Dollar. Ein Jahr darauf stach Kapitän Mac Cord in seinem Boot „Orora" von Victoria an der kanadischen Westküste für eine Weltumseglung in See, ebenfalls ohne Begleiter. Doch brach er seine Reise bereits in Callao (Peru) ab.

Dieses fast unmögliche Vorhaben sollte später doch in die Tat umgesetzt werden. In einer Dezembernacht des Jahres 1888 strandete das amerikanische Vollschiff „Northern Light" an der Küste Brasiliens. Kapitän Slocum war selbst Eigentümer und hatte durch diesen Schiffbruch nicht nur das Heim seiner Familie, sondern fast sein ganzes Vermögen eingebüßt. Aber ungebeugten Mutes ging er an den Bau eines großen Segelbootes aus den Trümmern seines Schiffes. Er nannte es „Liberdade" und segelte darauf mit Frau und seinen beiden Kindern über 7000 Seemeilen nach seiner Heimatstadt Philadelphia. Die Reise verlief ohne Unfall, und in dieser Zeit mag in dem Seemann wohl der Plan für sein späteres Unternehmen gereift sein. Durch Zufall gelangte ein altes, 9 Meter langes und 4 Meter breites Fischerboot in seinen Besitz. Da er keine Anstellung hatte, machte er sich an die Arbeit und wechselte fast Spant für Spant und Planke für Planke aus, bis er das Fahrzeug in seetüchtigen Zustand gebracht hatte. Eine längere Probefahrt bei stürmischem Wetter verlief zur Zufriedenheit, und am 1. Juli 1895 ging Kapitän Slocum mit seiner schmucken „Spray" zur Weltumseglung in See.

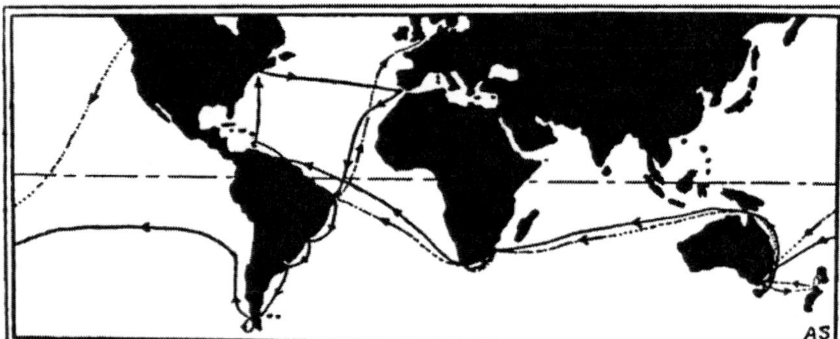


Route der „SPRAY" ⟶ und der „TILIKUM" ·········➤

Etwas über einen Monat dauerte die Überquerung des Atlantik, nach welcher der einsame Seemann sich einige Tage der Erholung in Gibraltar gönnte. Ursprünglich hatte Kapitän Slocum die Umseglung in östlicher Richtung geplant. Doch die Furcht vor einem Piratenüberfall im damals sehr verrufenen und unsicheren Roten Meere ließ ihn eine andere Route wählen. Von Gibraltar wandte er sich nach Südwesten. Bald hatte er des Seemanns Paradies, den Passat, erreicht, und am vierzigsten Tage brachte er sein kleines Fahrzeug sicher in den Hafen von Pernambuco.

An der Takelage hatte er eine Änderung vorgenommen, die dem Schiffchen eine wunderbare Kursstabilität verlieh. Bei seitlichem oder Rückenwind konnte er das Ruder festbinden und das Boot sich selbst überlassen. Mit nur ganz geringfügigen Abweichungen hielt es seinen Kurs mit zuverlässiger Genauigkeit inne. So gewann der einsame Mann auch bei Tage Stunden der Ruhe, die er oft sogar schlafend verbrachte. Wenn er sich nachts zum Schlafen legte, dann machte er stets die Segel fest und ließ das Boot treiben; eine helle Laterne am Mast warnte nahekommende Schiffe. An der Küste Südamerikas entlang ging nun die Fahrt über Rio de Janeiro und Montevideo zur Magellan-Straße, die er am 11. Februar 1896 erreichte. Mit günstigem Winde hatte er diesen von himmelhohen gletscherbedeckten Bergen umschlossenen Kanal durchfahren und segelte in den unendlichen Pazifik hinaus. Da jedoch packte ihn ein schwerer Nordwest-Sturm und trieb das kleine Fahrzeug weit hinunter nach Süden. Durch das Gewirr der patagonischen Inselwelt hindurch arbeitete Slocum sich unverdrossen wieder nordwärts der Magellanstraße zu, deren zweite Hälfte er nun nochmals durchsegeln mußte, ehe er fast zwei Monate nach dem ersten Male wieder die ragenden Felsen der Küste Feuerlands hinter sich lassen und in den Stillen Ozean hinaussegeln konnte. Diesmal war ihm das Glück günstiger. In 32 Tagen erreichte er die Insel Juan Fernandez, das grüne Fleckchen, auf dem ein Seemann, einsam gleich ihm, viele Monate verbracht hatte, der schottische Matrose Alexander Selkirk, welcher in der ganzen Welt als Robinson Crusoe bekannt werden sollte. 43 Tage nachdem die Insel passiert war, kamen die begrünten Bergspitzen der Marquesas in Sicht. Doch ohne zu landen, ließ der kühne Seefahrer sich vom lauen Südost-Passat weiter tragen und ankerte 29 Tage später in der blauen Bucht von Apia (Samoa). Über die Fidji-Inseln ging die Reise weiter südlich über Neu-Kaledonien nach Newcastle in Neusüdwales. Da der erfahrene Seemann in dieser Jahreszeit schwieriges Wetter und Gegenwinde in der Torres-Straße erwartete, berührte er noch Melbourne, Sidney und Hobart auf Tasmanien. Von da kehrte er nochmals nach Sidney zurück, das er erst am 9. Mai 1897 für die Weiterreise verließ. Nach Durchseglung der klippenreichen Torresstraße, dem Eldorado der Perlenfischer, steuerte er die durch unsere tapfere „Emden" im Weltkrieg berühmt gewordenen Cocos-Inseln an, die er am 17. Juli erreichte. In den letzten 23 Tagen hatte Kapitän Slocum 2700 Seemeilen durchlaufen und die ganze Zeit nicht mehr als drei Stunden am Ruder zugebracht. Das verdeutlicht am besten die hervorragenden Segeleigenschaften der braven „Spray". Weiter gings über Rodriguez und Mauritius Südafrika entgegen, und am 17. November lief das Schiffchen in die herrliche Bay von Durban hinein. In Kapstadt verließ die „Spray" am 26. März 1998 schließlich das gastliche Afrika zur letzten Ozeanüberquerung, berührte die Inseln St. Helena und Ascension, lief Trinidad und Grenada auf den Antillen an und traf endlich am 27. Juni in Newport auf Rhode Island zwischen New York und Boston wohlbehalten ein. Noch einige Tage Segelns, und am 3. Juli, fast genau drei Jahre nach seiner Ausreise, langte Kapitän Slocum frisch und gesund in seinem Heimatshafen an. Das nie Geglaubte war vollbracht. Allein in gebrechlichem Boot hatte ein Mann die Erde umsegelt, eine Reise von 46 000 Seemeilen mit ganz unzulänglichen navigatorischen Instrumenten und nur wenigen Karten zurückgelegt. Trotz aller Entbehrungen und manch schwerer Sturmnacht versicherte dieser wetterharte Seemann, ihm habe die weite Fahrt geistigen wie körlichen Genuß bereitet. Er schilderte begeistert das herrliche Leben, das er mutterseelenallein in seinem Boot unter Gottes freiem Himmel, Tausende von Meilen von allem Menschlichen entfernt, für Wochen mitunter in prächtigstem Sonnengold und unter strahlendem Sternenhimmel geführt. Verjüngt war er heimgekehrt. Einige Zeit später machte er sich nach gründlicher Überholung der „Spray" zu einer Weltumseglung auf, wieder allein. Er sollte sie nicht vollenden. Wenige Wochen nach der Ausreise ist sein Boot verschollen, wahrscheinlich des Nachts, als er sich schlafend treiben ließ, von einem großen Schiffe überrannt worden.

In mancher Hinsicht noch gefährlicher war ein ähnliches Abenteuer, das seinen Ursprung einer Wette verdankte. Im Winter 1901 bei einem Diner amerikanischer und kanadischer Journalisten in Minnesota war's, daß die amerikanischen Zeitungsleute das Lob von „Gottes eigenem Lande" in etwas volleren Tönen, als man es ohnehin gewohnt ist, sangen. Die USA wiesen natürlich nur Superlative auf. Die Rede kam auf Seefahrt und Seeleute, und die Herren Yankees nahmen unter Hinweis auf Kapitän Slocums Weltumseglung auch den Ruhm der waghalsigsten Seefahrer in Anspruch. Denn von einem Amerikaner war ja doch das kleinste Schiff um den Erdball gesegelt worden. Darauf verpflichtete sich der Herausgeber des „Winnepeg Messenger", ein Mr. Luxton, den Gegenbeweis anzutreten. Eine Wette um 5000 Dollar war das Resultat. Slocums Rekord sollte binnen fünf Jahren von einem viel kleineren Fahrzeug geschlagen werden.

Mr. Luxton hatte einen Bekannten, der ihm ganz der geeignete Mann zur Durchführung eines solchen Unternehmens zu sein schien. Der war als Sohn deutscher Eltern in Vancouver (Kanada) geboren. Noch ein halbes Kind, befuhr er bereits den stürmischen nördlichen Pazifik als Schiffsjunge eines Walfängers. In den eisigen Hagelböen der Behring-See reifte er zu einem wetterharten Manne, fuhr als Offizier und Kapitän Waljäger und Robbenfänger und hatte in diesen Jahren die weitgehendsten Erfahrungen in der Handhabung ganz kleiner Fahrzeuge und offener Boote in stürmischer See gesammelt.

Durch eigenartige Verknüpfungen war er im Jahre 1898 Leiter einer bemerkenswerten Expedition geworden. In einem kleinen 10-Tonnen-Segler unternahm er mit nur zwei Gefährten die lange Reise von Vancouver nach der Cocos-Insel an der Westküste Mittelamerikas, dem sagenhaften Versteck fabelhafter Seeräuberschätze. Wohl verlief die Fahrt ergebnislos, doch gewann er auf dieser 7000 Seemeilen langen Reise die Überzeugung, daß bei richtiger Handhabung selbst ein ganz kleines Fahrzeug im Sturm nicht stärker gefährdet sei als ein großes Schiff. Als Luxton dann mit der Aufforderung an ihn herantrat, mit einem noch kleineren Fahrzeug als die „Spray" es war, eine Weltumseglung zu versuchen, war er ohne Bedenken dazu bereit.

In einem Indianerdorf der Insel Vancouver trieb er einen alten, jedoch kerngesunden Einbaum auf. Es war ein richtiges romantisches aus dem Stamm einer Rotzeder ausgehöhltes Indianer-Kanoe. Damit sollte die Weltreise ausgeführt werden. Um das Boot widerstandsfähiger zu machen, versah es Kapitän Voß mit eichenen Spanten und einem Kielschwein. Durch Erhöhung der Bordwand um 17 Zentimeter gewann er mehr Raum. Dann gab er seinem Kanoe einen Kiel und ein festes Verdeck. Bei einer Bodenlänge von 9 Metern war das Fahrzeug an seiner breitesten Stelle nur 1,65 Meter, im Boden jedoch nur 1 Meter breit. Ganz im Gegensatz zu der voll gebauten „Spray" mit ihren 13 Tonnen war dieses überschlanke und ranke Boot knappe 3 Tonnen groß. Drei verhältnismäßig niedrige Masten mit je einem kleinen Segel erhielt es und zur Erhöhung der Stabilität etwa 600 Kilo Sand- und Bleiballast. 400 Liter Trinkwasser und Lebensmittel für drei Monate bildeten die Ladung. Sie nannten ihr Boot „Tilikum", was in der Sprache der Indianer dieser Küste „Freund“ bedeutet. Dann gingen sie an Bord, der Seemann als Führer, der Zeitungsmann, krasseste Landratte die man sich denken kann, als „Mannschaft“, und segelten am 21. Mai 1901 von Vancouver ab.

Schon am folgenden Tage zwang sie schweres Wetter, eine weiter südlich gelegene Bucht als Nothafen anzulaufen. Hinter hohen Bergen lagen sie hier geschützt bis der "blow" abflaute, erst am 6. Juli konnten sie sich wieder ins freie Wasser hinaustrauen. Fünf Tage später überfiel sie ein neues Unwetter. Sie waren jedoch schon zu weit von der Küste entfernt, um dort Schutz zu suchen. Drum ritten sie den Sturm nach Art chinesischer Dschunken und arabischer Dhauen hinter einem Treibanker ab. Das ist meist ein trichterförmiger, großer Segeltuchsack, der von drei Tauen gehalten, in gehörigem Abstand vom Boot nach vorne hin so ausgesetzt wird, daß die Öffnung zum Boot zeigt. Während Sturm und See das Boot stets quer schlagen wollen, wonach es in wenigen Augenblicken von den brechenden Wellen bis zum Rand gefüllt wäre, hält der nur widerwillig durchs Wasser schleppende Treibanker die Nase des Bootes immer senkrecht gegen die anrollenden Wogen. Leicht hebt sich das Fahrzeug über die Wellenkämme und nimmt kein Wasser über. Für zwei Tage lag die „Tilikum“ so hinter ihrem Seeanker und ritt den Sturm ohne Mühe ab. Mit gestärktem Vertrauen in die guten Seeeigenschaften ihres Schiffchens setzten die beiden Reisenden ihre Fahrt fort. Auf südlichem Kurse wurden bald freundlichere Zonen erreicht. Der durch den Sturm in seiner anfänglichen Sportbegeisterung etwas gedämpfte Zeitungsmann begann im warmen Wehen des Passats wieder frischen Mut zu schöpfen. Nach 58 Seetagen landeten die beiden am 2. September auf dem paradiesischen Penrhyn, einer Insel der Manahiki-Gruppe in der Südsee. Sie waren frisch und gesund, aber dennoch freuten sie sich ihre Glieder wieder einmal richtig ausstrecken, die halb lahmen Beine sich vertreten zu können. Denn der lange Aufenthalt in der Enge des Bootes brachte doch manche Nachteile. Wohl hatte Luxton eine Koje zur Verfügung, wenn sie auch eher einer nicht allzu breiten Futterkrippe glich. Voß dagegen mußte auf dem Deckel eines eingebauten Vorratskastens schlafen, ein Lager, welches bei der respektablen Breite von 35 Zentimetern besonders bei heftigem Seegang die volle Geistesgegenwart eines Seemannes zum Liegenbleiben erforderte. In Penrhyn wurde das Boot auf Land geholt, der Boden von Muscheln und Algen gereinigt und frisch gemalt. Nach höchst angenehm verbrachter Hafenzeit auf der gastfreien Insel ging die „Tilikum" am 19. September wieder in See. Erst wurde Apia auf Samoa angelaufen, dann ging die Reise nach Suva auf den Fidji-Inseln. Hier hatte der Zeitungsmann jedoch endgültig von dieser Art Seefahrt genug. Er nahm sich auf dem Dampfer „Birksgate" eine Passage nach Sidney, während Kapitän Voß einen englischen Matrosen, Begent, als Begleiter musterte.

Am 21. Oktober verließ die „Tilikum" den Hafen von Suva mit Kurs auf Sidney. Eine Woche war sie in See, da frischte der Südost-Passat bedenklich auf. Der sonst ewig lächelnde Himmel dieser Breiten überzog sich mit einem milchigen Schleier, unruhig rollte eine lange Dünung aus der Unendlichkeit einher. Dichter wurden die Wolken, schon setzte leichter Regen ein. Der erfahrene Seemann kannte die Zeichen des herrannahenden Orkans nur zu gut. Tapfer hob die „Tilikum" immer wieder den Bug himmelwärts vor den heranrollenden grünen Hügeln. Da löschte ein Spritzer die kleine Öllampe, die den Kompaß erhellte. Es war 12 Uhr nachts. Kapitän Voß wurde von dem Matrosen am Ruder abgelöst, nahm die verlöschte Lampe und ging in die kleine Kajüte, um die Lampe wieder anzustecken. Da fühlte er, wie ein schwerer Schlag das kleine Boot traf. Rauschend ging das Wasser eines Brechers über Deck, undeutlich glaubte er einen Schrei zu hören, stürzte an Deck nach achtern und fand das Ruder verlassen. Sein Begleiter und der Kompaß mit ihm waren weggeschlagen worden. Bis zum Abend des folgenden Tages hielt sich Kapitän Voß in der Nähe auf, immer noch hoffend, den einzigen Gefährten zu finden. Vergebens. Schweren Herzens nahm er bei hereinbrechender Nacht die Fahrt wieder auf. Doch ohne Kompaß war es schwer, einen genauen Kurs zu steuern. Einen Reservekompaß hatte man unbedachterweise nicht mitgenommen, und Suva war schon 600, Sidney dagegen noch reichlich 1200 Seemeilen entfernt. Trotzdem gelang es Kapitän Voß' hervorragenden seemännischen Fähigkeiten, die „Tilikum" nach Sidney zu bringen. Drei schwere Stürme noch hatte er auf dem Wege zu bestehen, der letzte fegte ihm den Fockmast über Bord. Als er am 19. November in den Hafen von Sidney, herzlich bewillkommnet von einer großen Menge, einlief, da konnte er einen Seufzer der Erleichterung doch nicht unterdrücken.

Nach einem Monat wohlverdienter Erholung im Kreis sorgender Freunde ließ Kapitän Voß sein Boot per Bahn nach Newcastle bringen, von wo er sich am 16. Januar nach Melbourne einschiffte. Es wurde eine äußerst stürmische Reise, doch gelangte er schließlich am 12. März ans Ziel. In Melbourne traf die „Tilikum" das zweite Unglück: der Haken des Kranes, der das Boot aus dem Wasser hob, brach, und das gebrechliche Kanu erlitt derart schwere Beschädigungen, daß seine Reparatur fast vier Monate in Anspruch nahm. Von Melbourne aus wurde auch Ballarat ein Besuch abgestattet, und so ist die „Tilikum" der einzige Tiefwassersegler, dessen Bug die Wellen des über 800 Meter über dem Meeresspiegel liegenden Burrumbeet-Sees durchschnitt. Am 29. November wurde Adelaide erreicht.

Nach fünf Wochen der Ruhe kam eine neue „Mannschaft" in der Person des Iren O'Connell an Bord. Der Vater der Idee, Mr. Luxton, hatte seit dem Tode Begents den letzten Rest seiner Seebegeisterung eingebüßt und wollte auf der „Tilikum" auf keinen Preis mehr mitfahren. Am 4. Januar 1903 ging die Fahrt weiter über Hobart auf Tasmanien nach Neuseeland. Auf dieser Reise mußte das Boot seinen schwersten Sturm abwettern. Die Kajüte wurde von einem Brecher überflutet, der Ofen zertrümmert. Tagelang blieben die beiden Seeleute ohne einen Bissen warmen Essens, bis sie aus einem alten Eimer einen Notofen konstruierten und in ihm ihr Kajütsmobiliar verfeuerten, nur um dem ermüdeten, erstarrten Körper wieder etwas Warmes zuzuführen. Am 21. Januar endlich ließen sie in Invercargill den Anker fallen. Alle größeren Häfen des landschaftlich unvergleichlich schönen Neuseeland besuchte die „Tilikum". In Christchurch vollführte Kapitän Voß sein Meisterstück. In einem winzigen offenen Boot durchquerte er hier mit Hilfe seines Treibankers die haushohen Brandungswellen auf der berüchtigten Sumno-Barre. Mehrere Male wagte er die halsbrecherische Fahrt. Tausende standen mit angehaltenem Atem am Strande und brachen jedesmal in tosenden Jubel aus, wenn die Nußschale mit dem kühnen Seemanne darin aus dem schäumenden Wall auftauchte. Am 21. August erst konnte sich Kapitän Voß von den begeisterten Neuseeländern trennen. In Tanna auf den neuen Hebriden blieb er nur drei Tage, auf Thursday Island in der Torres-Straße vier. Von da ging er am 26. September für die 2500 Seemeilen lange Fahrt nach den Kokos-Inseln in See. Bei leichten veränderlichen Winden und zeitweilig gänzlicher Flaute mußte die „Tilikum" nun einen vollen Monat ziellos umhertreiben, ehe der ersehnte Passat einsetzte. Der trieb das kleine Schiff am 9. November in Sicht von Keeling Island (Kokos-Inseln). Diese Insel mußte unbedingt zur Ergänzung des Wasservorrates angelaufen werden. Und hier traf der dritte Schlag das Boot und seine Besatzung. Plötzlich schlief der frische Wind ein. Willenlos trieb die „Tilikum“ dahin, und zu seinem nicht geringen Schrecken erkannte der Kapitän, daß er in eine reißende Strömung geraten war, die sein Boot unaufhaltsam nach Westen an der rettenden Insel vorbei in den weiten Indischen Ozean hinein entführte. Am Abend war die Insel nur noch ein blauer Schatten am östlichen Himmel, und der frische Wind, der jetzt aufkam, wehte gerade daher. Die Umkehr war der starken Strömung wegen unmöglich. Sorgenvoll setzte Kapitän Voß den neuen Kurs auf das nächste westlich liegende Land ab, die 2000 Seemeilen entfernte Insel Rodriguez. Doch der Himmel vergißt einen kühnen Seemann nicht. Nach einigen Tagen setzten schwere Regenfälle ein und bewahrte die beiden einsamen Reisenden so vor den Qualen des Durstes und einem schrecklichen Tode. Am 28. November wurde Rodriguez erreicht. Schon nach zwei Tagen ging die Reise weiter, dicht an Mauritius und Madagaskar vorbei auf Durban zu. Schon in Sicht der afrikanischen Küste mußte das Boot noch einen heulenden „Puster“ bestehen, ehe es drei Tage nach Weihnachten im Hafen von Durban ankern konnte. Nach langem Aufenthalt in Durban, East London und Kapstadt segelte die „Tilikum“ am Morgen des 14. Mai in den Atlantischen Ozean hinaus. Über Helena kam es vor dem frischen günstigen Südost-Passat glücklich nach Pernambuco, das am 4. Juni wieder verlassen wurde. Auf den sonnigen Azoren wurden noch einige Rasttage eingelegt, ehe das Schifflein sich auf den letzten Weg über den Nordatlantik machte. Noch zwei Stürme mußte die unbezwingliche „Tilikum“ abwettern, ehe sie am 29. September 1904 unter dem Jubel einer zahllosen Menge in den kleinen Hafen Margate an der Themsemündung einlief. Drei Jahre, drei Monate und zwölf Tage war das Indianerkanoe unterwegs gewesen und hatte als kleinstes Schiff der Welt mit seinen drei Tonnen die Strecke von 45 000 Seemeilen zurückgelegt.

Ein ganz begeisterter Verehrer einsamer weiter Bootsreisen hat im letzten Viertel des vergangenen Jahrhunderts viel Aufsehen erregt. Ehe ihn der Abenteuerdrang zum Ozeanreisenden und Gespräch zweier Kontinente machte, war er in einem Beruf tätig, der eigentlich herzlich wenig mit der Seefahrt zu tun hat. Er baute nämlich in einer amerikanischen Fabrik Klaviere. Zum ersten Male startete er im Juni 1878 mit seinem 6 Meter langen Boot „Nautilus". Bei seiner Abreise ein völlig unbekannter Mann, war „Kapitän" Andrews bei seiner Ankunft in Europa nach 55tägiger Atlantiküberquerung der Held des Tages. Die Zeitungen brachten spaltenlange Berichte. Hier waren nautische Talente anscheinend mit Geschäftsgeist gepaart, eine sonst äußerst seltene Mischung. Herr Andrews brachte sein Boot über den Kanal nach Paris zur Weltausstellung. Dort zog "The lonely Skipper" und sein „Nautilus" viele Tausende von Besuchern an. An der Heimfahrt beteiligte sich auch sein Bruder, doch hat er den Strapazen der wochenlangen Reise im offenen Boot nicht standzuhalten vermocht und verstarb auf hoher See. Zehn Jahre später fand abermals eine Ausstellung in Paris statt. Und wieder machte sich Mr. Andrews allein auf den Weg über den Atlantik. Diesmal hatte das Unternehmen von Anbeginn eine gesunde kommerzielle Basis, denn ein Aussteller sicherte ihm bare 1000 Pfund Sterling für sein neues Boot „Dark Secret" bei der Ankunft auf der „anderen Seite" zu. Die Abreise wurde zur Sensation. Auf Herrn Andrews' Anteil vom Eintrittsgeld sollen 1750 gute Dollars entfallen sein, ein Erfolg, den noch kein Berufsseemann je hat verzeichnen können. Unter brausenden Cheers stach er in See. Doch die Vorschußlorbeeren erwiesen sich auch hier als übles Vorzeichen. Nach Verlauf eines Monats war der einsame Ozeanbezwinger erst knapp 150 Meilen östlich vorgerückt, vierzehn Tage darauf sogar um 50 Seemeilen der amerikanischen Küste wieder näher getrieben. Erschöpfung zwang ihn, sein Vorhaben aufzugeben. Nach einer Woche bemerkte die norwegische Bark „Nor" das Notsignal des winzigen Schiffchens und nahm den Insassen auf. Doch in welchem Zustande! Die Kleidung schneeweiß von Salz und starr wie die Kruste eines Krebses, Haar und Bart eine filzige Masse, aus eitrigen Lidern starrten entzündete Augen. Keines Wortes und keiner Bewegung war der Ärmste mehr fähig!

Der Sommer 1891 sah gar eine Regatta dreier Boote mit je einem Mann Besatzung, wohl das merkwürdigste Hochseerennen, das die Welt je gesehen. Natürlich war Mr. Andrews wieder dabei. Diesmal segelte er seine „Meermaid" voll Zuversicht hinaus. Und wieder war's eine Enttäuschung. Total entkräftet, so daß der Tod in wenigen Stunden hätte eintreten müssen, fischte den tollkühnen Mann der Dampfer „Elbruz" mitten im Atlantik auf. Die Kolumbusfeier 1894 rief ihn wieder in die

Arena. Mit dem Boote „Sopolio" gelangte er glücklich in 35tägiger Reise von Amerika nach Palos bei Huelva, wo er mit stürmischem Jubel empfangen wurde. Sein gleichzeitig von New York abgesegelter Freund Lawlor ist mit seinem Boote „Christopher Columbus" auf derselben Reise verschollen. Noch ein mißlungener Versuch der Überquerung des Atlantik ist von Mr. Andrews bekannt, diesmal mit dem 4 Meter langen „Phantom Ship". Und ein Jahr später ereilte auch ihn das Geschick. Zusammen mit seiner Frau ging er mit der nur 3,70 Meter langen „Dorée" von Boston in See und ward nicht mehr gesehen.

Diese waghalsigen Unternehmen sollten vor wenigen Jahren weit in den Schatten gestellt werden. Am 28. März 1928 lief aus dem Hafen von Lissabon das merkwürdigste Fahrzeug aus, das je eine Atlantiküberquerung unternommen hat. Der Baustoff: ein Holzgerippe mit einer Haut von Gummi und Segeltuch, die ganze Besatzung: ein Mann. Aber ein ganzer! Der deutsche Schiffsoffizier Franz Romer war's, der mit seinem Klepper-Faltboot „Deutscher Sport" die Reise nach New York antrat. Bei einer Länge von 6 Metern und größter Breite von 95 Zentimetern hatte sein Fahrzeug mit der Tragfähigkeit von ca. 12 Zentnern einen Tiefgang von 25 Zentimetern. Damit ist es das kleinste Schiff, das je auf große Fahrt ging. Kenterschutzschläuche und Schwimmer in den Bootsenden, die sich beim Vollschlagen selbsttätig mit Karbidgas füllten, gaben bescheidene Rettungsmöglichkeiten. Antrieb war ein Paddel und ein 5 Quadratmeter-Bootssegel. Eine kleine Spezialpumpe für Hand- und Fußbetrieb diente als Lenzvorrichtung. Alle zur astronomischen Ortsbestimmung nötigen nautischen Instrumente und Rechnungstabellen waren an Bord. Eine besondere Alarmeinrichtung weckte die schlafende „Besatzung" bei Annäherung gefährlicher Feinde. Denn vom Haifischrachen trennten ja nur wenige Millimeter Gummihaut! Gute Nerven gehören auf alle Fälle zu einem genußreichen Nachmittagsschläfchen in solcher Nachbarschaft, auch wenn Schußwaffen und Speer griffbereit zur Hand liegen. Für die auf 110 Tage geschätzte Reise befanden sich 220 Kilogramm fester hochwertiger Proviant sowie 250 Liter Trinkwasser in Konservenbüchsen eingelötet an Bord. Zum Kochen diente ein Petroleumkocher mit 25 Kilogramm Petroleum. Eine Beigabe von frischen Früchten sollte dem Eintritt von Skorbut und Beriberi vorbeugen.

Sämtliche alten und erfahrenen Seeleute der in Lissabon liegenden deutschen Dampfer prophezeiten dem kühnen Wikinger baldigen Schiffbruch durch Brecher im ersten Sturm. Er lachte sie aus und sagte, er würde es den „Riesen im stählernen Sattel“ wohl beweisen, daß man auch auf Gummischuhen, ohne 50jährige Erfahrungen, aber mit einer neuen Theorie über den Ozean komme.

Und er hat es ihnen bewiesen. Am 31. August traf er im Hafen von St. Thomas, einer Insel der Kleinen Antillen, ein. Gesicht und Haar von schneeiger Salzkruste überzogen, der ganze Körper bedeckt mit Schwielen und eitrigen Blasen, so wankte er an Land. Aber geschafft hatte er die Atlantiküberquerung doch.

Seinen Reiseweg hatte er sachkundig nach den letzten Erkenntnissen der maritimen Meteorologie und Ozeanographie gewählt. Von Lissabon aus ging die Route erst südwestlich unter Ausnutzung eines Ausläufers der Golfströmung und des Kanaren-Stromes zu den Kanarischen Inseln. Von hier sollte westlich vorgestoßen werden, wobei die große Passat-Trift sehr förderlich werden mußte. Von Westindien aus schließlich lag der letzte Teil der Fahrt im Bereich der lebhaften nordwärts fließenden Antillen-Strömung sowie des Golfstromes, der hier seine größte Geschwindigkeit mit unbedingter Zuverlässigkeit verbindet. (Siehe Kartenskizze.) Wenn fachmännische Überlegung auch durch Benutzung aller sich bietenden natürlichen Vorteile dem Unternehmen das Blind-abenteuerliche nahm, so blieb es immerhin ein Beginnen von unerhörter Kühnheit, und seine Durchführung sollte dem Seemanne Strapazen bringen, die hart die Grenze des Ertragbaren erreichten.

Sturm zwang Romer, südlich Lissabon an der Südwestecke Portugals beim Kap St. Vinzent einen Nothafen anzulaufen. Von hier ging er am Morgen des 17. April in See. Am nächsten Tage schon packte es ihn. Bei ungeheuer hoher Dünung schlief der Wind vollkommen ein. Haltlos wurde das kleine Boot umhergeworfen und geriet derart ins Rollen und Stampfen, daß sein einsamer Insasse seekrank wurde, wie noch nie in seinem Leben. So erzählt er selbst in seinem späteren Bericht. Tags darauf kam endlich Wind auf, ein sehr steifer Nordwest. Um ihn auszunutzen, schlief Romer drei Tage lang nicht. Die größeren Brechseen liefen über das kleine Fahrzeug glatt hinweg. Wohl hielt die Abdichtung an der Taille die Spritzer ab, doch durch Romers Sachen hindurch drang soviel Wasser ins Boot, daß im Innern alles schwamm. Dann wieder ein Tag Flaute. Bei schönem Wetter gelang eine Ortsbestimmung. Sie brachte eine schwere Enttäuschung! Statt der erhofften acht Knoten hatte das

Boot höchstens vier gelaufen. Seine Seiten begannen sich mit Algen zu bedecken, die selbst großen Schiffen hinderlich werden. Am 22. fing es an zu wehen. Romer blieb nichts übrig, als den Treibanker auszusetzen, alles dicht zu machen und schlafen zu gehen. Bald wurde er jäh geweckt. Ein Brecher hatte die Spritzdecke eingeschlagen — das Boot war voll Wasser. Zwölf Stunden saß der Mann in seinem nun offenen Boote und schöpfte mit einer 4 Liter-Konservendose. Am 25. endlich war das Wetter so, daß er seine erste warme Mahlzeit auf dieser Reise bereiten konnte. Dann nahm ihn der Nordost-Passat auf seine Schwingen und fegte ihn vor sich her auf die Kanarischen Inseln zu, daß dem einsamen Seemann doch anders zu Sinn wurde. Er berichtet: „Es war die vierte Nacht ohne Schlaf. Das Steuern vor der gewaltigen See erforderte höchste Aufmerksamkeit. Ich schlief, steuerte und guckte nach Land aus zu selben Zeit. Von einem Wellenkamm zum andern schlief ich, auf dem Kamm selbst wurde ich jedesmal aufgeweckt. Dann legte ich das Ruder entsprechend und guckte im gleichen Moment aus. Schlafzeit vier bis fünf Sekunden, Zeit zum Steuern und Ausgucken zwei Sekunden. Mir war, als sei alles nur ein Traum. Es wehte sehr heftig, und alles stand auf Biegen und Brechen. Ich kannte keine Gefahr mehr, es war mir alles gleichgültig." Da, gegen Mitternacht gerät er in eine Hölle furchtbarer Brecher, Boot und Mann tauchen tief unter. Der erfahrene Seemann erkennt sofort den Ernst seiner Lage — es sind die Grundseen einer Untiefe in der Nähe von Land. Zeitweise hörte er deutlich Steine gegeneinander rumpeln. Da ist es ihm plötzlich, als schrie ihm eine Stimme in englischer Sprache zu, Süd zu steuern. Er dreht den Bug des Bootes, der bisher nach Südwesten wies. Bei Sonnenaufgang sieht er, daß sein alter Kurs ihn unweigerlich ins Verderben geführt hätte. Noch am Vormittag erreichte Romer einen kleinen Fischerhafen, Arecife. Im stillen Wasser fiel ihm auf, daß er sein Boot mit Paddeln nicht mehr vorwärtsbewegen konnte. Der Schlamm an den Seiten war zu einem zehn Zentimeter dicken Bart herangewuchert. Wären die Fischer ihm nicht zu Hilfe gekommen, hier mitten im Hafen hätte es noch auf den spitzen Klippen einen Schiffbruch gegeben. Der ganze Ort war auf den Beinen, und keiner wollte glauben, daß der Mann mit diesem leichten Kanu von Portugal her gekommen sei. Die Hände waren zu unförmigen Klumpen geschwollen, so hatte sie die ständige Benetzung mit Seewasser mitgenommen. Die Beine versagten zuerst völlig den Dienst.

In den elf Tagen seit Antritt der Reise hatte Romer nur 580 Seemeilen gut gemacht. Bis New York, seinem Ziel, blieben 3670! Zur Bewältigung dieser Strecke ging er ausgeruht und gekräftigt am 3. Juni wieder in See. Es wurde eine beispiellose Anstrengung. Romers sämtliche Vorgänger hatten doch immer die Möglichkeit gehabt, sich in ihren wesentlich geräumigeren Fahrzeugen Bewegung zu machen und so den Körper vor dem lähmenden Steifwerden zu schützen. Ein Faltboot jedoch zwingt seinen Insassen zu steter Ruhe. Sitzend oder liegend, so mußte dieser begeisterte Sportler volle 58 Tage ausharren. Es ist nicht möglich, sich von dieser Anstrengung auch nur eine annähernde Vorstellung zu machen. Eine wahrhaft spartanische Willenskraft gehört dazu, um freiwillig derartige Strapazen auf sich zu nehmen. 58 Tage und 58 Nächte! Die unbarmherzige Sonne der Tropen dörrte ihm Nacken und Arme. Nach 30 Tagen wusch ihm eine hohe See seine letzte Kopfbedeckung weg. Romer fürchtete in den folgenden Tagen, er würde einem Sonnenstich erliegen oder wahnsinnig werden. Ständig fraß das salzige Wasser auf seiner Haut. Die großen Scharen ziehender Delphine und Schweinsfische bildeten eine Gefahr für die empfindliche Bootshaut. Durch Rasseln und Klappern mit einer leeren Wasserkanne und bei Nacht durch Anleuchten mit seiner Taschenlampe schreckte er die Fische ab und vermied auch glücklich die drohende Kollision. Fliegende Fische weckten den einsamen Schläfer häufig, wenn sie ihm in ihren Sprüngen ins Gesicht klatschten. Ein riesiger Hai mit drei Jungen attackierte das kleine Boot. Schüsse vermochten das Tier nicht zu schrecken. Voller Wut

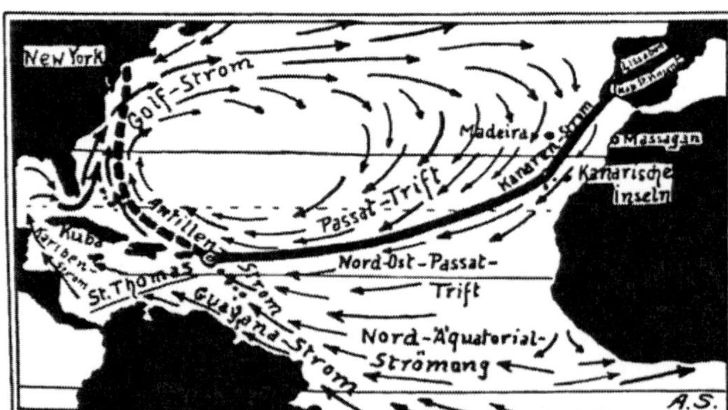

Romers Weg und das Strom-System des Atlantik

schwamm es auf das Boot zu, um mit dem Rücken unter dem Kiel durchzufegen, so daß Romer sich hochgehoben fühlte und sehen konnte, wie die Gummihaut sich durchbog. Die Bestie ließ nicht ab und schien entschlossen, sich das nahe Frühstück nicht entgehen zu lassen. Als der Hai einmal ganz dicht unter der Wasseroberfläche neben dem Boot vorbeistrich, griff Romer zum Stock der amerikanischen Flagge und hieb auf den breiten blau-grauen Rücken ein. Dabei entrollte sich das Tuch, hell flammten die Sterne und Streifen auf in der prallen Sonne — der Hai machte eine erschreckte Wendung, tauchte und — ließ sich nicht mehr blicken! Ein Sieg der amerikanischen Flagge auf der ganzen Linie, der später die Reporter in St. Thomas in einen wahren Freudentaumel versetzte. Einige Tage nach diesem Abenteuer setzten schwere Regengüsse ein, eine Wohltat für die salzzerfressene Haut unseres Seemannes. Als er am letzten August in St. Thomas eintraf, hing ihm sein zweiter und letzter Anzug in Fetzen vom Leibe. Das Gesicht sah aus, wie man sich Robinsons Züge vorstellen mag. Zwei Tage und zwei Nächte schlief er wie ein Toter, als er erst in seinem Zimmer im „American Hotel" angelangt war. Ganz St. Thomas feierte den deutschen Seemann als den „Helden der Lindbergh-Klasse", der er war. Der Gouverneur überreichte ihm eine eigens für ihn geschlagene goldene Medaille. Alle Zeitungen waren voll von seiner Tat. „Er kommt von einem wahrhaft großen Land, von Deutschland. Die Deutschen sind ein wunderbares Volk, im Frieden wie im Kriege..." schrieben sie.

Nicht zufrieden mit diesem Erfolge machte Romer einen Monat später sich auf den Weg nach New York. Auf dieser Fahrt ging er in den Tod. Die Jahreszeit war schon zu weit vorgeschritten, die ersten Herbstorkane fegten über das Karibische Meer. Einer von ihnen, vielleicht auch der Angriff großer Haie, hat einem der kühnsten Seeleute aller Zeiten ein Ende gemacht. Romer und sein Boot sind spurlos verschwunden. Dem Auslande gab er ein Beispiel deutscher Beharrlichkeit. Und seinen Landsleuten hat er, der am Bodensee tief im Binnenlande geboren und aufgewachsen war, wieder einmal den Beweis erbracht, daß seemännischer Wagemut und hohes nautisches Können nicht nur bei den Söhnen der Wasserkante zu finden sind.

Romer hat einen Nachfolger gefunden, auch einen Binnenländer. Mit einem Boot gleicher Bauart verließ Engler mit demselben Ziel Lissabon am 14. Oktober 1931. Die ersten Tage der Reise verliefen außerordentlich glücklich. Am 22. stand er nur noch 50 Seemeilen von Madeira entfernt, als es aufzubrisen begann. Unglücklicherweise aus Südwesten, dem Kurs gerade entgegen. Engler legte das Boot hinter seinen Treibanker. So lag es sicher in der hohen See, bis in der Nacht der Ring, welcher den Seeanker hielt, brach. Da begann eine Höllenfahrt. Es wehte ein schwerer Sturm. Einige große Haie begleiteten schon stundenlang das steuerlose Fahrzeug. Gegen Abend kommt ein schmaler graugelber Streifen in Sicht — Land! Höher geht die See. Jede Welle reißt das Boot etwa 500 Meter weiter auf die Küste zu. Schon kommen einzelne dunkle Klippen in Sicht. Engler weiß, daß er nicht mehr viel zu hoffen hat. Wieder packt eine Welle sein Boot. Hoch auf schäumendem Kamm reitet er mit wahnwitziger Geschwindigkeit auf den Strand zu. Ragende Felsblöcke starren zu beiden Seiten aus kochender Brandung, himmelhoch sprüht der Gischt. Jeder Augenblick muß den Mann und Boot zerschmetternden Anprall bringen. Plötzlich ein Scharren unter dem Kiel. Schnell entschlossen springt Engler aus dem Boot. Er steht auf sandigem Strand! Alle seine Kraft kostet es, das Boot vor der ablaufenden Welle festzuhalten. Die nächste schiebt ihn noch höher hinauf. Nach einer Stunde liegt das Fahrzeug ganz trocken, da es bei Hochwasser aufgelaufen war.

Nun aber setzt ein „Harmattan" ein, ein Sandsturm, wie er für die marokkanische Küste typisch ist. Engler legt sein Boot auf die Seite, deckt ein Reservesegel über sich und läßt es wehen. Bis zum Morgen raste der Wüstensturm, wehte das kleine Fahrzeug vollkommen ein. Mit Hilfe marokkanischer Eingeborener machte Engler sein Boot wieder flott. Er erfuhr, daß er unweit der Stadt Massagan gestrandet war. Darum segelte er dorthin, um das stark mitgenommene Boot notdürftig zu reparieren. Von dem Deutschen Dampfer „Asni" frisch verproviantiert lief er am 28. Oktober von Massagan aus. Wieder wurde es eine abenteuerliche Sturmfahrt, nach der er in der Frühe des 7. November in den Hafen von Las Palmas einlief. Das Fleisch hing ihm in Fetzen von den Händen. Doch ungebrochenen Mutes machte er sich von hier aus an die Bewältigung der größten Etappe seiner Atlantiküberquerung. Seit dem Tage seines Auslaufens ist er spurlos verschollen.

## Bootsfahrten ums Leben.

Ernster als die freiwillig unternommenen Überquerungen des Ozeans im Boot sind die Fahrten, zu denen sich so häufig Seeleute nach einem Schiffsunglück gezwungen sahen. Wenn Feuer oder Sturm das Schiff zerstört haben, dann bleibt als einzige Zuflucht das Rettungsboot. In diese Lage geriet die Besatzung des Vollschiffes „Campbell", das an einem Augusttage 1892 den Hafen von Port Townsend bei Seattle mit der Bestimmung nach Europa verlassen hatte. Zwei Wochen in See überfiel das Schiff ein furchtbarer Sturm, der es tagelang vor Topp und Takel dahinjagte. Dann gingen in einer schweren Bö hintereinander alle drei Masten über Bord. Durch die übergroße Beanspruchung aller Verbände des Rumpfes fing das Schiff an zu lecken. Tiefer sackte es in die hochgehenden Wogen, und nun fegte Brecher auf Brecher über das schwerfällig rollende Wrack. Der Erste Offizier wurde in der Nacht vermißt. Zwei Tage noch hielten die Luken stand, dann stürzte das Wasser ungehindert in den Raum. Als es am nächsten Tage abflaute, schwamm das Schiff nur noch auf seiner Holzladung. Wenn er seine Leute nicht dem Verhungern preisgeben wollte, mußte Kapitän Havener, ein Deutscher, das Schiff aufgeben. Die Boote wurden verproviantiert und mit Wasser versorgt, dann stießen in dem größeren der Kapitän mit Frau und Kindern sowie elf Mann der Besatzung, in dem kleineren der Zweite Offizier mit dem Rest der Mannschaft ab. Das nächste Land waren die Hawaii-Inseln in etwa 2500 Seemeilen Entfernung. 4500 Kilometer sind das, die Strecke Berlin—Neufundland, die es im offenen Boot zurückzulegen galt. Aber man hoffte, wenn man erst einige Tage südlich gehalten hätte, den frischen günstigen Nordostpassat zu erreichen. Frischen Mutes setzte man den Kurs ab und die Reise begann.

In der zweiten Nacht schon wurden die Boote getrennt. Am 30. September sahen eingeborene Fischerleute, die vor der Insel Mannawalla (Hawaii) ihrem Beruf nachgingen, einen Gegenstand auf den Wellen treiben, den sie erst für einen Baumstamm hielten. So etwas können Fischer immer brauchen. Sie segelten darauf zu und erkannten bald, daß sie einen noch besseren Fund gemacht hatten. Es war ein Boot, das dort auf der langen Dünung des blauen Pazifik schaukelte, und anscheinend herrenlos dazu. Beim Herankommen erstarb ihnen das Wort auf den Lippen. Auf dem Boden des Bootes lagen unter den Duchten zwölf Menschen. Keiner regte sich. In eingesunkenen Gesichtern starrten verglaste Augen, unförmig geschwollen und schwarz quoll die Zunge aus struppigem Bart, unfähig ein Wort zu bilden. Einige verzogen das bläulich verfärbte Gesicht zu schauerlichem Lächeln. Weiß Gott, welch angenehme Trugbilder ihnen der Wahnsinn des Verdurstens vorgaukelte. Zwei starben an Land, die übrigen erholten sich. Es war das Boot des Zweiten Offiziers. Von dem Kapitän und seinem Boot ist nie etwas gesehen worden.

Auf einem Korallenriff der einsamen Palmyra-Inseln etwa 1000 Meilen südlich von Hawaii strandete die Bark „Lady Lampson" auf der Reise von Sidney nach Honolulu. Die gesamte Besatzung rettete sich auf die etwa 40 Meilen entfernte Insel. Nach einer Woche stachen sie in zwei Booten in See, um Hawaii zu erreichen. Nur eines mit Kapitän Petersen, seiner Frau und fünf Mann gelangte ans Ziel, das andere ist verschollen.

Fast auf denselben Klippen scheiterte Jahre später der große amerikanische Viermaster „Henry James", mit einer Ladung Kohlen unterwegs von Newcastle (Neusüdwales) nach San Francisco. Das Schiff saß fest in den nadelscharfen Korallen und war verloren, deshalb siedelte die Besatzung auf die Palmyra-Insel über. Dort fanden sie an einer Stelle nahe dem Strand sechs primitive Hütten, offenbar von Schiffbrüchigen errichtet. Große Stapel von Feuerholz und viele Kokos- und Fruchtschalen lagen noch daneben. Frischwasser, Früchte, Krabben und Fische gab es reichlich, so daß man es sich eine Zeit unter dem blauen Tropenhimmel ganz wohl sein ließ. Dann kam trotz des immerwährenden "dolce far niente" die Sehnsucht nach der Welt und ihrem Treiben. Der Erste Offizier und vier Freiwillige erboten sich, in einem Boot nach Samoa zu segeln und Hilfe zu holen. Die über 1300 Meilen weite Reise gelang. Doch hatten sie 52 Tage dafür gebraucht, viel länger, als erwartet, denn der Passat war ungewöhnlich flau gewesen. Ihr Wasservorrat erwies sich demzufolge als zu knapp. In der sengenden Hitze durften sie schließlich nur morgens und abends je einen einzigen Schluck genießen. Einer der Leute biß sich in seiner Qual eine tiefe Wunde in den Arm, aus der er gierig sein Blut saugte. Auch der Proviant ging aus. Und in der letzten Woche kauten sie das Leder ihrer Schuhe und eines Teleskopfutterals. Als sie Samoa erreichten, waren sie zu schwach, um Arme oder Beine zu bewegen. Sie mußten behutsam an Land getragen werden. Keiner war mehr der Sprache mächtig. Nur auf ihr schwaches Kopfschütteln und Nicken hin nach unzähligen Fragen konnte man ihre Geschichte erfahren. Sofort charterte der amerikanische Konsul einen Schoner, um die Schiffbrüchigen abzuholen. Doch kam ihm der Kapitän des Dampfers „Mariposa" zuvor und brachte die Einsiedler von Palmyra-Island wohlbehalten nach Apia.

Der folgende Fall liegt zwar etwas weit zurück, auch gehört er vielleicht nicht ganz in ein Buch über die Handelsschiffahrt, doch zeigt er deutlich wie kein anderer, was geschehen kann, wenn in der Not die Führung versagt. Darum soll er kurz berichtet sein. Am 17. Juni 1816 war's, als die große französische Fregatte „Medusa" vom Hafen von Aix aus in See stach. An Bord befanden sich neben der Besitzung zahlreiche Soldaten und Kolonisten für die westafrikanischen Besitzungen Frankreichs. Mit dem Eintritt in das warme Wetter des Passats lockerte sich die Disziplin in einer unbegreiflichen Weise. Große Gelage fanden statt, bei denen sich Mannschaften und Offiziere gleicherweise betranken. Daß bei solchen Zuständen die Reise glatt ablaufen würde, war nicht zu erwarten. Wirklich strandete das Schiff bei unruhiger See auf der Arguin-Bank inmitten einer ausgelassenen Feier. Die Verwirrung war unbeschreiblich, als man bemerkte, daß das Schiff sich auf die Seite legte. Nun stellte sich heraus, daß bei weitem nicht genügend Bootsraum vorhanden war. Kapitän und einige Offiziere stahlen sich heimlich durch eine Stückpforte in die unter dem Heck hängende Gig und stießen vom Schiff ab. In rasender Hast wurde ein Floß gezimmert. Doch mit dem darauf gepackten Proviant und 150 Menschen schwamm es kaum über der Wasseroberfläche. Dutzende von Leuten mußten überhaupt auf der „Medusa" zurückbleiben. Jetzt nahmen die Boote das Floß in Schlepp, und so steuerte man der nahen afrikanischen Küste zu. Es ging recht langsam, doch konnte man hoffen, das Land in einigen Tagen zu erreichen. Doch die Besatzungen der Boote, voran der Kapitän und seine Offiziere, ließen das Floß schmählich im Stich. Als die Dunkelheit hereingebrochen war, warfen sie die Schlepptaue los und verschwanden trotz der flehenden Bitten der Zurückbleibenden in der Nacht. Voller Wut und Enttäuschung machten sich die Soldaten auf dem Floß über den reichlich vorhandenen Wein her. Ihr unmäßiges Trinken brachte sie bald von Sinnen. Das unsagbar Grauenhafte hob an: in der Dunkelheit und der Enge des überfüllten Floßes entspann sich ein erbitterter Kampf aller gegen alle. Mit Messern und Beilen, mit Zähnen und Nägeln wüteten die vertierten Wahnwitzigen gegeneinander, bis Erschöpfung sie hinstreckte. Der Morgen fand noch 85 Überlebende. Und im hellen Lichte entdeckten sie, daß fast der gesamte Lebensmittelvorrat im Gewühl des Kampfes ins Wasser gestoßen und verloren war! In dumpfer Verzweiflung verging ein Tag, eine Nacht und wieder ein Tag. Hunger nagte, und brennend klebte die Zunge am Gaumen. Einige Kolonisten und die vernünftigsten der Soldaten bewachten mit blanker Waffe den geringen Rest Wasser und Wein. Mitternacht mochte nahe sein, da warf sich ein Rudel Männer auf die müden Wächter. Wieder begann ein wildes Ringen, doch gelang es, die Wütenden zurückzuschlagen. Die Morgensonne beschien zwölf Tote. Irre vor Erschöpfung und Hunger stillten die ersten mit dem Fleisch der Erschlagenen die unwiderstehliche Gier. Schaudernd saßen die anderen und sträubten sich mit letzter Kraft gegen das Versinken in diesen Abgrund menschlichen Elends. Neben ihnen im Wasser zogen dreieckige Flossen ihre Kreise. Wieder kam die Nacht, wieder erfolgte ein Angriff auf den Rest des Wasservorrates. Erbitterter als je stachen sie aufeinander ein. Gänzlich von Sinnen hackten und schnitten einige die das Floß zusammenhaltenden Taue in Stücken. Als diese Nacht des Schreckens dem Tageslichte gewichen war, befanden sich nur noch etwa dreißig Menschen auf dem Floß, und viele von ihnen schwer verwundet. Am Vormittag sollten wie immer die winzigen Essenrationen verteilt werden. Da stellten sich die sieben kräftigsten Burschen vor das letzte Restchen Brot und erklärten den anderen, es hätte keinen Zweck mehr, an Schwächliche und Kranke die kostbare Nahrung zu vergeuden. Als die Unglücklichen aufbegehrten, wurden sie von den wüsten Kerlen niedergeschlagen und über Bord zwischen die Haie gestoßen. Fünf Tage danach, am 17. Juli, nahm sie, die letzten sieben Überlebenden, die französische Brigg „Argus“ auf.

Schrecklich war, was die Besatzung der englischen Bark „Arracan“ durchmachen mußte. Auf der Reise von Shields nach Bombay entzündete sich die Kohlenladung des Schiffes. Trotz äußerster Anstrengungen fraß das Feuer weiter und am 17. Februar mußte man das Schiff in den Booten verlassen. Die Schiffsleitung entschloß sich, die Malediven anzusteuern. Doch nach drei Tagen hatten sie eingesehen, daß für das tiefergehende Langboot die herrschende Strömung zu stark war. Der Kapitän mit dem Großboot hielt auf Kochin zu, um den Strom auszunutzen. Die beiden Offiziere segelten und pullten mit ihren Booten den alten Kurs weiter. Doch wurden sie nach wenigen Tagen getrennt. Der zweite Offizier David Webster sah mit Schrecken den Proviant seines

Bootes zu Ende gehen. Am 9. März wurden die letzten Bissen verzehrt, am selben Abend auch der letzte Schluck Wasser getrunken. Die Rationen der vergangenen Tage schon waren so winzig gewesen, daß alle Insassen des Bootes bereits äußerst entkräftet waren. Unfähig, noch weiter zu pullen, saßen sie stumpf in ihrem kleinen Boot und erwarteten ihr Schicksal, ein Offizier, drei Matrosen und Horner, der Schiffsjunge. Am zweiten Nachmittage war Webster vor Ermattung eingeschlafen. Ein schriller Schrei ließ ihn hochfahren, gerade noch in letzter Minute, um den Jungen vor den Messern der Leute zu retten. Die vier hatten Lose gezogen, einer sollte geopfert werden, und das Los hatte den unglücklichen Knaben getroffen. Nun folgten vier entsetzliche Tage. Nur mit einer Pistole gelang es dem Offizier, die drei vor Hunger Rasenden von dem Jungen fernzuhalten. Auch er wurde am Tage darauf im Schlafe überrumpelt, und nur des Jungen Warnungsruf weckte den Ahnungslosen in letzter Sekunde. Am fünften Tage gelang es ihm, einen über das Boot fliegenden Vogel mit seiner Pistole zu erlegen. Im Nu war das Tier zerrissen und samt Knochen und Federn verschlungen. Vom Boden des Bootes kratzten sie die spärlichen Muscheln und Algen, um damit den quälenden Hunger zu stillen. Dann redete der erste irre. Plötzlich ergriff er einen eisernen Belegnagel und hieb auf einen erschöpft im Boot liegenden Kameraden ein. Aus einer breiten Wunde am Kopf strömte das rote Blut. Wie rasend stürzten sie sich auf die roten Tropfen, gierig die Lippen darauf pressend. Dann fielen die drei in einem wahren Paroxismus übereinander her, bissen, kratzten und krallten sich ineinander, bis sie vor Ermattung in einem Knäul hinstürzten. Hinten im Boot saß der Zweite, die gespannte Pistole in der Faust, neben sich den Jungen, dem ein traumhafter Dämmerzustand das Entsetzliche der Lage gnädig verhüllte.

Am Abend des folgenden Tages nahm die „City of Manchester" die völlig Erschöpften auf. Sie befanden sich noch 600 Meilen von Land entfernt. Der nervenfeste Offizier, der das unausdenkbar Schreckliche verhindert hatte, wurde für die Errettung des Jungen vor einem fürchterlichen Tode von der englischen Krone mit der Albert-Medaille ausgezeichnet.

Alles an Bord ist wie elektrisiert, wenn auf hoher See ein treibender Gegenstand in Sicht kommt. Und hat es den Anschein, es könne ein Boot sein, dann wird flugs das Ruder herumgelegt und Kurs darauf genommen. Das tat auch ein Dampfer, der vom Englischen Kanal auslaufend nach Südamerika unterwegs war. Der Kapitän war sofort benachrichtigt worden und auf die Brücke gekommen. Gespannt beobachteten hier die Offiziere durch ihre Gläser das auf den Wellen schaukelnde kleine Fahrzeug. Plötzlich setzte der junge Dritte, der sich den langen Kieker gesichert hatte, das Glas ab. Ganz verstört sah er drein, als er hervorstotterte: „Muß wohl krank sein, der Mann — oder tot. Er liegt im Boot und rührt sich nicht!" Von Hand zu Hand ging der Kieker, der die Ferne in greifbare Nähe rückte. Jeder sah's und erkannte es: was da über eine Ducht des Bootes hing, waren ein Paar menschliche Beine! „Lassen Sie bitte Boot zwei klarmachen!" wandte sich der Kapitän an den Wachhabenden. Pfeifensignale und Kommandos schallten. Wie die Wiesel sprangen die Matrosen, jeder wollte zur Bootsbesatzung gehören. Einem Mitseemann in Not helfen — da läßt sich kein rechter Janmaat drängen!

Mächtig legten sie sich in die Riemen. Am Ruder der Zweite spähte in atemloser Spannung voraus. Kam ihre Hilfe etwa zu spät? — Seite an Seite lagen nun die Boote. Der fremde Mann regte sich nicht. Behutsam faßten starke Hände zu und hoben den leblosen Körper in das Boot des Dampfers. Plötzlich hoben sich die Lider in dem stillen Gesicht — zwei blaue Augen starrten die Helfer verständnislos an. Dann fuhr ein ganz unerwartetes Leben in den Mann. Mit Armen und Beinen um sich schlagend, wehrte er sich wie ein Verzweifelter gegen die Übernahme in das Rettungsboot. Dabei brüllte er wie ein Stier. Die verblüfften Seeleute waren starr, was für erstaunliche Kräfte der vermutlich doch Halbverhungerte entwickelte. Alle Muskeln mußten sie anspannen, um den sich Wehrenden im Boot festzuhalten. Da kam dem Zweiten die grause Erkenntnis der Lage: „Schnell die Decken!" schrie er. „Der Mann ist vom Durst wahnsinnig!" Ruck-zuck hatten die Leute den Tobenden zu einem umförmigen Bündel verschnürt. Eine Weile wälzte es sich noch krampfhaft unter den haltenden Fäusten, dumpf drang das Geheul des Armen durch die Hülle. Dann lag er still und ließ sich ohne Muckſen an Bord des Dampfers hieven. In der Kajüte wurden die Fesseln abgenommen. Als man die Decke wegzog, fauchte es den Samaritern aus krebsrotem Gesicht entgegen: "You damned fools — — —!" Ihr verd.. Narren ihr! Einen ehrlichen Christenmenschen so aus dem Mittagsschlaf zu reißen! Wo ist mein Boot? Wenn ich meine Wette verliere, verklage ich Sie, Sie — — —"! Es war nicht gerade schmeichelhaft, was der „Gerettete" weiterhin mitzuteilen hatte und verriet eine recht bescheidene

Im Eiswinter 1929 brachte unser Linienschiff „Braunschweig" den eingefrorenen Dampfern Eisbrecherhilfe.

vielen Schiffen konnten selbst die stärksten Eisbrecher nicht vordringen. Diesen Abschnittenen wurden durch Flugzeuge Nachrichten und die ersehnte Post von daheim, bensmittel und Medikamente gebracht. Links vorn das Hilfsflugzeug, davor eine mit Kohlestücken auf das Eis geschriebene Mitteilung.

Aufnahmen 1929 von der Luftdienst G. m. b. H., Kiel-Holtenau.

Seemansdank
an das hilfreiche Flugzeug. Man sieht, wenn alles an Bord ausgeht — der Humor erschöpft sich nicht.

Links die unternehmungslustigen Verfasser der Dankadresse vor ihrem Schiff.

Die Reede von Holtenau im Februar 1929.
Im Mittelgrund die Schleusen des Nord-Ostsee-Kanals. Der weiße Segler inmitten der eingefrorenen Dampferflotte ist das Schulschiff „Bremen“, das hier gezwungen überwinterte.
Aufnahmen Luftdienst G. m. b. H., Kiel-Holtenau.

Meinung von der Intelligenz seiner „Retter". Bedrückt mußten diese anhören, daß der vermeintliche Schiffbrüchige, ein schottischer Schiffsoffizier, mit seinem Boot unterwegs nach Malta sei, um dort seinen Bruder zu besuchen und dadurch gleichzeitig um 100 Pfund Sterling zu erleichtern. Das war nämlich der Betrag, um den die beiden Brüder gewettet hatten. Recht kleinlaut gab der Kapitän darauf Order, hinter dem treibenden Boot herzudampfen und es wieder einzufangen. Außerdem ließ er dem Schotten einen ansehnlichen Zuschuß zu seinen Mundvorräten bereitstellen. Und als der einsame Wikinger sah, daß zwischen den Konservendosen auch eine ansehnliche Batterie freundlich blinkender Flaschenhälse hervorlugte, da verrauchte sein Grimm zusehends. Versöhnt schüttelte er seinen verhinderten Lebensrettern die Hände, als er über die Seite ins Boot stieg. Doch man sieht, es ist nicht immer leicht, auf See „edel, hilfreich und gut!" zu handeln. Der andere muß auch damit einverstanden sein!

Eine ganz prächtige Leistung war es auch, wie der humorvolle Kapitän F. seine Bootsreise vom La Plata nach Antwerpen bewältigte. Keiner seiner Freunde im Segelklub hatte den etwas beleibten Herrn ernst genommen, als er sich anheischig machte, diese lange Reise ganz allein im Boot zurückzulegen. Dazu wollte er in einer Zeit ankommen, die noch von keinem anderen Segler erreicht worden war. Aufsehen erregte die Sache erst, als in aller Form eine Wette um eine namhafte Summe zu Papier gebracht worden war.

Und er hat diese Wette gewonnen, bei all seiner sprichwörtlichen Liebe zur — milde gesagt! — Bequemlichkeit. Eine Überraschung für alle Beteiligten war's, daß er sie gewann und wie er seine Aufgabe löste. Doch die Art und Weise, wie er es anstellte, der fidele Dicke, das gehört eigentlich nicht mehr in ein Buch von stillem Heldentum. Das wird sich besser dem Rahmen eines Buches einfügen, das von stillem Humor berichtet und stillvergnügten Streichen, in denen der Seemann trotz — oder vielleicht sogar wegen? — der Schwere seines schönen und männlichen Berufes Meister geblieben ist.

# Alphabetisch geordnete Erklärung seemännischer Fachausdrücke des Textes.

**A**

abwracken = ein Schiff abbrechen.

aufhieven = hochziehen oder hochwinden s. auch hieven.

**B**

Back = Aufbau auf dem vordersten Teil des Oberdecks. Meist befinden sich auf kleineren Dampfern und Seglern unter der Back die Wohnräume der Mannschaft.

Backstagsbrise = schräg von hinten einfallender Wind. Er ist der günstigste Fahrwind für Segler.

Bark = dreimastiger Segler, dessen zwei vordere Masten Raaen (s. d.) und dessen dritter Mast nur Schonersegel führt.

Barkasse = kleines Motor- oder Dampfboot, das Seeschiffe als Beiboot mitführen.

beidrehen = beim Segler: Schiff hart an den Wind legen, so daß es die Wellen fast von vorne nimmt und wenig oder gar keine Fahrt läuft; beim Dampfer: die See in spitzem Winkel von vorne halten, während die Maschine nur ganz langsam arbeitet, oder die See schräg von hinten halten und dabei das Schiff treiben lassen.

Besansmast = der letzte Mast einer Bark.

„Blinder" = Einschleicher, der sich an Bord versteckt hat, um die Reise, ohne bezahlt zu haben, mitzumachen. Der Engländer nennt diese Leute stowaway — „Staudichweg".

„blow" = vom engl. to blow — blasen, wehen. Ein Blow = ein Sturm.

Bö = plötzlich einfallender Windstoß von verschieden langer Dauer.

Bramraa = vierte (Unterbramraa) und fünfte (Oberbramraa) von Deck aus gerechnet.

Bramstenge = die zweite Mastverlängerung als Fortsetzung der Marsstenge.

Brassen = Taue oder Drahttaue mit Taljen (Flaschenzügen) zum Drehen der Raaen.

Braßwinden = von Hand getriebene Winden auf großen Seglern, mit deren Hilfe die Brassen angeholt werden.

Brecher = Welle, deren Kamm sich überstürzt und dann häufig über das Schiff herstürzt.

BRT. = Brutto-Register-Tonne, Raummaß für die Vermessung von Seeschiffen. 1 Reg.-Tonne = 2,83 cbm.

Bugspriet = der vorn schräg über den Bug hinausragende Mast.

Bullaugen = runde Fenster in Bordwand und Deckshäusern.

bunkern = Kohlen oder Treiböl für die Reise an Bord nehmen.

**C**

chartern = ein Schiff mieten.

"crack" = engl. Slang-Ausdruck für Hauptkerl, crack-liner demnach das Hauptschiff, der Stolz einer Reederei.

crew sprich: kruh = engl. die Schiffsbesatzung. Viel im Deutschen gebräuchlich.

## D

Davit = drehbarer oder um einen bestimmten Winkel klappbarer Kran zum Aufwinden und Aussetzen der Boote.

Decksnähte = die längsschiffs verlaufenden Fugen zwischen den hölzernen Decksplanken, die mit Werg und Pech ausgefüllt und wasserdicht gemacht werden.

Dhau = arab. oder indischer Segler mit lateinischen Segeln.

diesig = unsichtig, leicht neblige Luft.

Digger = vom engl. to dig = graben, also Gräber, besonders Goldgräber.

Dschunke = chines. Segler.

Ducht = Sitzbank eines Bootes, Ruderbank.

Dünung = Wellen nach einem Sturm. Zu unterscheiden vom Seegang. Zum Seegang gehört unbedingt Wind, während Dünung auch bei Windstille auftreten kann.

Dwarsläufer = Schiff, das quer (dwars) zur Fahrtrichtung eines anderen steuert.

## E.

Etmal = die Anzahl Seemeilen, die das Schiff von Mittag bis Mittag zurücklegt. 1 Seemeile = 1852 m.

## F

Faden = seemänn. Maß = 1,85 m.

Fall = Tau oder Kette, womit Raaen aufgehievt werden.

Fallwinde = von Hand getriebene Winde zum Aufheißen eines Falls.

fieren = einen Gegenstand an einem Tau oder einer Talje herablassen.

Fischersmack = einmastiges Segelboot, das dem Fischfang dient.

Fockmast = vorderster Mast größerer Segler.

Foftein = plattdeutsch für fünfzehn. An Bord: eine Arbeitspause von 15 Minuten, die meist zum Rauchen benutzt wird. Dabei ist die Zeitdauer nicht an die Zahl gebunden, sondern diese Pausen währen meistens nicht so lange.

Fracht, Frachtrate = Höhe der Bezahlung, die für die Beförderung einer Tonne Schiffsladung gezahlt wird.

## G

Galeasse = im Mittelalter ein zweimastiger Segler, dessen Vormast Raasegel und dessen hinterer Mast ein großes lateinisches Segel hatte.

Galeere = mittelalterl. Segler, der auch zum Rudern eingerichtet war. Als Ruderer dienten Sklaven oder Sträflinge.

Großluke = siehe Luke.

Großraa = unterste Raa des Großmastes (Hauptmastes).

## H

Havarie = Beschädigung des Schiffes oder der Ladung.

havariert = beschädigt.

hieven = hochziehen oder hochwinden.

Holk = mittelalterl. Segler mit einem Mast.

Hulk = altes Schiff, das als Lagerschiff für Kohle usw. dient.

## J

Janmaat = aus dem Holländischen stammende scherzhafte Bezeichnung für den Matrosen abgeleitet von Jan und dem holländischen maat = Schiffsmann.

Jantje = holländische und niederdeutsche Verkleinerungsform von Jan.

## K

kappen = abhauen.

Karavelle = mittelalt. Segler. Die „Santa Maria“ des Kolumbus z. B. war eine K.

Kelp = eine Art Seetang.

Klipper = scharfgebauter Schnellsegler, stammt vom amerik.-engl. clipper von to clip abschneiden, wahrscheinlich weil besonders am Achterschiff von der vollen Form der normal gebauten Schiffe viel abgeschnitten ist.

Klüse = runde oder ovale Öffnung in der Bordwand zum Durchstecken von Tauen oder Ketten.

Klüverbaum = Verlängerung des Bugspriets (s. diesen).

Knoten = Geschwindigkeitsangabe in Seemeilen pro Stunde.

„knüppeln“ = seemänn. Dialektausdruck für wagehalsiges und rücksichtsloses Segeln. „Das Schiff mit dem Knüppel treiben.“

Kogge = mittelalterl. Segler mit zwei oder drei Masten.

Kopra = in Stücken geschnittene, an der Luft getrocknete Kokosnuß.

Kreuzmast = hinterster Mast eines Vollschiffes (s. d.).

Kreuzstenge = Verlängerung des Kreuzmastes.

Kursstabilität = Vermögen des Schiffes bei mittschiffs liegendem Ruder seinen Kurs beizubehalten.

## L

laschen = festbinden.

Lenzpumpe = Pumpe, die zum Auspumpen des ins Schiff gedrungenen Wassers dient. Auf Seglern mit der Hand zu betreiben.

Lizard = Kap Südwestenglands am Ausgang des Engl. Kanals, seiner Gestalt wegen „lizard“ die Eidechse genannt.

loggen = die Geschwindigkeit des Schiffes messen.

Loggrechnung = Errechnung des Schiffsortes auf Grund der durch das Loggen ermittelten Geschwindigkeit und des Kurses.

Luke = verschließbare Öffnung im Deck zum Ein- und Ausladen.

Luvseite = die Seite, von der der Wind weht. Gegensatz Leeseite.

## M

Marssegel = Untermars-, das zweite und Obermarssegel, das dritte Segel von unten.

## O

op und dol = plattdeutsch: auf und nieder.

## P

Passat = Winde, die zwischen dem Äquator und ca. 30 bis 35° das ganze Jahr mit größter Regelmäßigkeit wehen, und zwar auf Nordbreite aus Nordost, auf Südbreite aus Südost.

peilen = niederdeutsch von „pegeln", den Wasserstand messen.

Poop = (sprich: puhp) engl. Bezeichnung für den Aufbau auf dem hintersten Teil des Decks. Sehr gebräuchlich auf deutschen Schiffen.

Positionslampen = Lampen, deren Abblendung und Farbe die Lage (Position) des Schiffes erkennen lassen.

Prau = malayischer Segler.

pullen = was man an Land „rudern" nennt oder auch „an einem Tau ziehen."

Puster = seemänn. Dialektausdruck für Sturm mit etwas geringschätziger Bedeutung.

## R

Raa = horizontal vor den Masten aufgehängter runder Träger aus Holz oder Eisen (dann hohl) zum Spreizen der Segel.

Rattan-Rohr = bambusartiges geschmeidiges Rohr aus Hinterindien, wird zu Korbflechtereien verwandt.

Riggen = die Takelage (s. d.).

Roilraa = gewöhnlich die oberste Raa großer Segler vom engl. royal = königlich.

Rudergeschirr = Sammelbezeichnung für die gesamte Ruderanlage, die zum Steuern des Schiffes dient.

## S

Schoner = Segler mit ausschließlich oder fast ausschließlich in der Längsrichtung stehenden Segeln.

Seefahrtsbuch = paßähnlicher Personalausweis des deutschen Seemannes über seine Dienstzeit auf Schiffen.

Skeisegel = vom engl. sky = Himmel, das oberste Segel über dem Roil (s. Roilraa) bei moderneren Seglern ungebräuchlich.

Spant = gewissermaßen die Rippe eines Schiffes, die dem Schiff die Form gibt und die Außenhaut trägt.

Spill = göpelartige Winde, dient dazu, um Taue mit großer Kraft zu hieven.

Spillkopf = eiserne Trommel am Spill zum Darumwinden der Taue.

Stabilität = Vermögen des Schiffes, nach gewaltsamer Überneigung durch Wind oder See wieder von selbst in die aufrechte Lage zurückzukehren.

Steurer = Rudersmann, der Mann, der das Schiff steuert. Nicht zu verwechseln mit „Steuermann", der uralten Bezeichnung für den Schiffsoffizier, den Vertreter des Kapitäns. Der Steuermann steht nicht am „Steuer", am Ruder, wie der Laie meint.

Strandvogt = deutscher Beamter, der mit der Wahrung der Interessen gestrandeter Schiffe und angetriebener Gegenstände betraut ist.

Stückgut = Güter von verschiedenartiger Art und Verpackung, meist Kisten, im Gegensatz zu Sackgut und Massengütern.

## T

Takelage = Masten, Raaen und alles zur Bedienung der Segel und zum Stützen der Masten notwendige Tauwerk.

Teakholz = sehr harte und wetterfeste Holzart aus Hinterindien, auf Schiffen verwendet als Decksbeplankung und zu Häusern.

Tonnage = Raumgehalt eines Schiffes, auch für den gesamten verfügbaren Schiffsraum einer Reederei oder eines Landes gebräuchlich.

Trosse = starkes Tauwerk aus Draht oder Pflanzenfasern, z. B. Hanf, Manilahanf, Kokosfasern usw.

## V

verchartern = vermieten des ganzen Schiffes oder eines Raumes desselben für eine Reise oder für bestimmte Zeit.

Verholwinde = maschinell betriebene Winde zum Bewegen des Schiffes im Hafen ohne Hilfe von Schleppern oder der eigenen Hauptmaschine.

Verschanzung = brust- bis mannshohe Schutzwehr um das Deck.

Viermastbark = Segler mit drei Masten mit Raaen und einem mit Schonersegeln.

Vollschiff = dreimastiger Segler mit Raaen an jedem Mast.

Vollrigger = unter Seeleuten viel gebräuchlicher Ausdruck für Vollschiff.

Vortopp = vorderster Mast mitsamt den Stengen, seinen Verlängerungen.

## W

Wellentunnel = tunnelartiger, aus Eisenplatten genieteter Gang über der Schraubenwelle eines Dampfers, der den Wellenraum gegen den Laderaum abschließt.

Windjammer = vom engl. to jam = drücken, pressen, also ein Schiff, das sich am Wind entlang preßt. Seemänn. Dialektausdruck für Segelschiffe, besonders große.